# MÉMOIRE

SUR LES OBJETS QUI PEUVENT ÊTRE CONSERVÉS

EN

## PRÉPARATIONS MICROSCOPIQUES

TRANSPARENTES ET OPAQUES,

CLASSÉS

D'APRÈS LES DIVISIONS NATURELLES DES TROIS RÈGNES DE LA NATURE,

PAR

M. LE Dʳ Ch. ROBIN,

Professeur agrégé d'histoire naturelle médicale
à la Faculté de médecine de Paris,
Professeur d'anatomie générale, Docteur ès sciences naturelles,
Membre des Sociétés philomatique, anatomique,
de biologie et entomologique de France, Correspondant de l'Académie de médecine
de Stockholm, de la Société d'histoire naturelle de Senckenberg,
à Francfort-sur-Mein, etc.

A PARIS,

CHEZ J.-B. BAILLIÈRE,

LIBRAIRE DE L'ACADÉMIE IMPÉRIALE DE MÉDECINE,
rue Hautefeuille, 19,

1856

[...]nt à droit fil et par simple pression, sans rapprocher les lames.

*Application comme bandage unissant.* Lorsqu'on veut appliquer des bandelettes agglutinatives, il faut faire préalablement raser la partie, les faire chauffer afin de les rendre plus collantes pendant qu'un aide maintient en contact les lèvres de la plaie. Celle du milieu doit être placée la première lorsqu'il en faut plus de deux; c'est d'abord leur partie moyenne qui s'applique à travers de la plaie, puis les extrémités qu'on tire et qu'on n'abandonne que lorsqu'elles sont bien collées partout. Pour les ôter, on détache d'abord leurs extrémités, puis leurs chefs jusqu'aux bords de la plaie; la partie moyenne s'enlève la dernière en tirant perpendiculairement, afin de ne pas décoller les lèvres encore faiblement soudées de la plaie. On les emploie comme moyen contentif pour maintenir un vésicatoire ou diverses pièces de pansement.

BARDANE, glouteron, herbe aux teigneux (*arctium lappa*, L.) Plante vivace, croissant dans les lieux stériles, famille des synanthérées, tribu des carduacées, syngénésie polygamie égale.

C'est la racine de cette plante qui est surtout employée en médecine. « Elle est allongée, rameuse, de la grosseur du pouce, grisâtre en dehors, blanche en dedans, saveur douceâtre, un peu amère et nauséeuse, odeur désagréable; elle contient beaucoup de nitrate et de carbonate de potasse, de l'inuline, de la fécule, de l'extractif, etc. » (Richard, *Dict. de méd.*, t. v, p. 17.)

« Cette plante a joui d'une grande renommée; on l'a surtout recommandée contre la goutte et le rhumatisme; beaucoup de médecins la regardent encore comme un puissant sudorifique, et la préfèrent à la salsepareille, au gayac, etc. Les Polonais prétendent guérir par elle seule la syphilis; elle paraît augmenter sensiblement la transpiration cutanée.

« A l'extérieur, les feuilles de bardane sont employées dans les ulcères atoniques. Percy faisait un liniment avec un demi-verre de suc de bardane non clarifié, battu avec une égale quantité d'huile d'olives, dans lequel il agitait des balles de plomb. Il paraît aider à la cicatrisation des vieux ulcères, mais il ramollit les bords. Decandolle regardait les semences comme purgatives.

« Rôtissée et bouillie dans l'eau, la racine est d'une saveur douce et agréable, et ses jeunes pousses sont tendres et d'un goût analogue à celui de l'artichaut.

« La décoction de bardane se prépare avec 60 grammes (2 onces) dans 1 kilogr. d'eau. L'extrait est peu employé.

BARIUM-BARYTE. Le barium est un métal qui n'offre d'intérêt, sous le point de vue de la thérapeutique, que lorsqu'il se trouve dans certains états de combinaison. Nous n'aurons donc à nous occuper ici que de ceux de ses composés qui ont reçu quelque application en médecine. Ce sont l'*oxide*, l'*iodure*, le *bromure*, le *chlorure de barium*, le *nitrate et le carbonate de baryte*, etc.

1° OXIDE DE BARIUM. Cet oxide, désigné plus ordinairement par le nom de *baryte*, est en masses poreuses, de couleur blanc-grisâtre ou gris-verdâtre, inodore, de saveur caustique. Il est fusible, mais seulement à une température très élevée; exposé à l'air, il en absorbe l'acide carbonique; traité par l'eau, dont il est très avide, il se combine avec elle et forme un hydrate blanc susceptible de cristalliser, et, si la proportion du liquide est assez forte (30 parties d'eau froide ou 10 parties d'eau bouillante), il se dissout. On l'obtient en calcinant fortement le nitrate de baryte dans un creuset d'argent, traitant le résidu par l'eau bouillante, filtrant et faisant cristalliser la liqueur.

2° IODURE DE BARIUM. Ce composé, qui n'est jamais natif, cristallise en aiguilles soyeuses et en petits prismes; il est blanc, inodore, d'une saveur nauséabonde, très déliquescent. « Quand on l'expose à l'air libre, dit M. Berzelius (*Traité de chim.*, t. IV, 37), une portion de l'iode se volatilise, il se forme du carbonate barytique et du suriodure de barium brun qui colore en brun l'eau dans laquelle on le dissout. » On l'obtient en décomposant, au bain de sable, un soluté d'iodure de fer par le carbonate de baryte; l'iodure barytique qui en résulte cristallise par le refroidissement.

3° BROMURE DE BARIUM. Toujours préparé par l'art, ce bromure est tantôt cristallisé en prismes rhomboïdaux, tantôt en petits amas cristallins qui ont la forme de choux-fleurs. Il est d'un blanc de lait, d'une odeur légère d'eau de mer, d'une saveur amère et nauséeuse. Il est très soluble dans l'eau et dans l'alcool concentré. On le prépare en faisant bouillir le protobromure de fer avec un excès de carbonate de baryte récemment préparé, filtrant, évaporant et faisant cristalliser.

4° CHLORURE DE BARIUM. Comme les précédens, il est toujours le produit de l'art. Il cristallise en tables rhomboïdales,

# MÉMOIRE

## SUR LES OBJETS QUI PEUVENT ÊTRE CONSERVÉS

### EN

# PRÉPARATIONS MICROSCOPIQUES

## TRANSPARENTES ET OPAQUES.

# MÉMOIRE

SUR LES OBJETS QUI PEUVENT ÊTRE CONSERVÉS

EN

## PRÉPARATIONS MICROSCOPIQUES

TRANSPARENTES ET OPAQUES,

CLASSÉS

D'APRÈS LES DIVISIONS NATURELLES DES TROIS RÈGNES DE LA NATURE,

PAR

M. LE Dr CH. ROBIN,

Professeur agrégé d'histoire naturelle médicale
à la Faculté de médecine de Paris,
Professeur d'anatomie générale, Docteur ès sciences naturelles,
Membre des Sociétés philomatique, anatomique,
de biologie et entomologique de France, Correspondant de l'Académie de médecine
de Stockholm, de la Société d'histoire naturelle de Senckenberg,
à Francfort-sur-Main, etc,

A PARIS,

CHEZ J.-B. BAILLIÈRE,

LIBRAIRE DE L'ACADÉMIE IMPÉRIALE DE MÉDECINE,
rue Hautefeuille, 19,

1856
1855

# LISTE

DES PRINCIPAUX TEST-OBJETS LES PLUS EN USAGE, SERVANT A JUGER L'ACHROMATISME ET LA PÉNÉTRATION DES LENTILLES OBJECTIVES DU MICROSCOPE.

1. Ongles d'araignée.
2. *Forbicine* ou *Lepisma saccharina*, Linné (écailles).
3. *Pieris Rapæ*, Latreille,     (id.)
4. *Zygæna Alexis*, Fabricius,     (id.)
5. *Satyrus Janira*, Linné,     (id.)
6. *Podura plumbea*, Linné.     (id.)
7. *Pleurosigma attenuatum* W. Smith . . . .
8. *     »     *angulatum* W. Smith. . . . .
9. *Navicula Spencerii* . . . . . . . . . . . .
10. *     »     *veneta* Kützing . . . . . . . .    Diatomées.
11. * Les *Grammatophora* . . . . . . . . . . .
12. * *Striatella unipunctata* Agardh. . . . . .
     *Achnanthes unipunctata* Carmichaël . . . .
     *Diatoma rigidum* De Candolle . . . . . . .

# PREMIÈRE PARTIE.



Quoique l'invention du microscope remonte déjà à plusieurs siècles, les perfectionnements qui de nos jours ont été apportés à cet instrument ont contribué en partie à déterminer la juste faveur dont il jouît maintenant. Non-seulement la partie optique a été améliorée par le choix d'excellentes lentilles objectives, sans aberration et vraiment achromatiques, mises en rapport avec de bons oculaires, et par des systèmes d'éclairages bien dirigés ; mais encore la partie mécanique a éprouvé des changements très avantageux pour la solidité et l'usage facile des diverses pièces de cet instrument. Aussi peut-on assurer que, grâce à ces conditions réunies, le microscope approche de sa plus haute perfection.

Toutefois, si le goût des études microscopiques s'est tellement répandu dans la société, à notre époque, on ne peut l'attribuer exclusivement aux perfectionnements que je viens d'indiquer, mais plutôt à un travail spécial qui, dévoilant la merveilleuse structure des corps organisés, a pu faire connaître tout le parti qu'on pouvait tirer du microscope. Je veux parler des préparations qui, outre qu'elles sont indispensables aux anatomistes pour leurs recherches si minutieuses et si difficiles, ont eu encore l'avantage de populariser l'emploi d'un instrument d'étude et de récréation.

### *De l'utilité des préparations pour apprendre à se servir du microscope.*

Il y a environ vingt ans, à une époque qui, pour le microscope, peut être considérée comme une époque de régénération, cet instrument était regardé par beaucoup de personnes, de médecins entre autres, comme une source d'illusions, donnant lieu à des apparences chimériques. Cette prévention injuste paralysait la confiance et jetait des doutes sur des observations pleines d'intérêt. Les améliorations réelles du microscope restaient sans effet et ne pouvaient être jugées. Les préparations seules devinrent l'intervention puissante qui put mettre en relief les perfectionnements modernes. C'est à elles qu'il appartenait de dissiper les doutes en montrant, d'une manière claire et sans incertitude, des résultats merveilleux qu'il n'était plus possible de nier ; mais pour entreprendre ce travail minutieux dont la récompense était loin d'être assurée, il a fallu oublier tout intérêt pour n'écouter qu'un dévouement qui n'a pas toujours été apprécié par ceux même qui depuis en ont le plus profité, du moins en France.

En Angleterre surtout, en Amérique et en Allemagne, il est peu de personnes qui se privent de la satisfaction que cause l'examen d'objets divers d'histoire naturelle convenablement préparés. On est frappé de voir combien est grand le nombre de celles qui cherchent à utiliser l'instruction que l'on retire de l'étude d'une collection de préparations convenablement choisies.

J'ai pensé qu'une des causes qui font que nous sommes en retard à côté des autres nations en ce qui concerne cet ordre de recherches, tenait beaucoup à l'impossibilité de savoir : 1° quelle est la nature des objets que chaque personne doit rechercher ; 2° dans quel ordre doit être classée une collection ; 3° quels types doivent être choisis de préférence. C'est ce qui m'a conduit à réunir sous forme de tableaux l'énumération des diverses préparations que l'on peut se procurer à Paris. J'ai surtout insisté sur celles qui sont les plus utiles soit aux médecins, aux chirurgiens, pharmaciens, etc., soit aux naturalistes qui s'occupent de conchyliologie et surtout d'entomologie, soit aux personnes qui, sans se proposer aucune étude spéciale, veulent seulement connaître quelle est la structure intime des organes des plantes et des animaux, l'homme y compris.

L'expérience seule peut faire concevoir combien l'observation des objets tels qu'on les conserve actuellement facilite l'intelligence de toutes les descriptions d'histoire naturelle, enlève de l'aridité à celles de ses branches qui semblent les plus difficiles et en abrège l'étude.

Ces considérations d'une vérité reconnue, et même les motifs d'une simple curiosité bien naturelle, déterminent souvent, hors de chez nous, un amateur à faire acquisition d'un microscope et, aidé de belles préparations dont la solidité, la durée et la transparence ne laissent rien à désirer, il peut devenir un habile observateur.

L'examen de préparations variées est une source inépuisable de surprises agréables ; l'artiste y trouve une étude intéressante des formes en elles-mêmes et de leurs dispositions symétriques ; le peintre admire dans ces objets la combinaison si bien entendue des couleurs naturelles.

Un microscope sans préparations est un instrument incomplet, le théâtre sans acteurs. Le savant qui a une étude spéciale, borné à quelque production naturelle qu'il lui faut disséquer lui-même, peut se passer de préparations dont il se réserve la confection, néanmoins il désirera souvent conserver un objet déjà étudié pour ne pas recommencer une observation faite précédemment ; mais peut-être le temps et même les connaissances nécessaires lui manqueront pour la manipulation : c'est alors qu'il sentira le besoin des préparations et tout le prix qu'aurait pour lui une série de préparations des objets qu'il a étudiés.

Les préparations faites d'avance dans un but spécial et

déterminé ont donné ainsi une grande valeur au microscope;
sans elles, entre les mains du plus grand nombre d'amateurs,
cet instrument était un objet de parade sans intérêt; elles
ont contribué à en augmenter la fabrication et à amener plusieurs des perfectionnements modernes. Ce sont des faits que
l'on ne peut contester. L'intérêt général qui s'est porté sur
les préparations microscopiques, et qui en a fait une spécialité
sérieuse, a été bien prouvé par leur admission à quatre ex-
positions nationales des produits de l'industrie et par l'obten-
tion de plusieurs médailles.

### *Du choix des préparations.*

Dans le travail qu'on va lire, je me suis surtout appliqué
à faire connaître les préparations qui présentent des détails
physiologiques des animaux ou des végétaux et les organes
séparés, de manière à bien déterminer la constitution des
individus. Aucun préparateur, hors de France, ne paraît
avoir offert à la science des préparations qui réunissent à
elles seules tous les organes ou les parties divisées des plus
petits insectes; cette méthode qui est familière à M. Bourgogne, chez qui je fais préparer les objets susceptibles d'être
conservés qui servent à mes recherches, permet d'étudier
dans un ensemble parfait la constitution anatomique d'un
grand nombre d'animaux. Le naturaliste micrographe peut
ainsi reconnaître en un instant toutes les pièces anatomiques
de l'insectologie avec autant de facilité que celles des plus
gros mammifères.

Cette méthode a fixé l'attention des savants étrangers,
et d'un certain nombre d'entomologistes qui ont pu reconnaître l'existence d'organes restés inconnus ou mal définis.

Il ne faudrait point croire, d'après le nombre des objets
classés méthodiquement dans ces tableaux, qu'une collection,
pour être complète, doit les comprendre tous. Il suffit pour un
étudiant, par exemple, d'une ou de deux préparations de chacun des tissus de l'homme et des plantes énumérés plus loin,

ce qui porte à dix ou quinze les préparations qui lui sont indispensables au point de vue de l'anatomie et de la physiologie.
Pour le naturaliste proprement dit, une ou deux préparations
prises dans chaque famille sont nécessaires, ce qui porte à
vingt-cinq ou trente au moins le nombre de celles qu'il doit
choisir. Une fois que l'on descend aux détails de structure
dans chaque famille animale ou végétale, le nombre des objets
intéressants n'a pour ainsi dire plus de limites.

Les séries que renferme ce tableau extrait des grandes
divisions de l'histoire naturelle sont susceptibles d'augmenter
chaque année par l'addition de nouveaux objets, mais, à la
vérité, quelques-uns de ceux qui en font partie maintenant
pourront manquer pendant un certain temps par la rareté de
certains échantillons et se renouveler par la suite.

Je ne saurais, à cet égard, trop recommander aux médecins en particulier et aux naturalistes en général, une chose
dont je me félicite tous les jours d'avoir usé : c'est de porter
à M. Bourgogne, rue Massillon, n° 4, les objets rares ou
utiles à étudier qu'ils peuvent avoir occasion de rencontrer,
afin d'en faire faire des préparations susceptibles d'être toujours conservées. C'est ainsi que j'ai pu connaître exacte-
ment la structure d'un grand nombre de produits morbides
dont la nature n'était pas encore parfaitement déterminée.
Les concrétions calcaires, les encroûtements phosphatiques
(ossifications) des artères, des fausses membranes, diverses
tumeurs, les tumeurs des dents, les calculs biliaires, urinaires,
salivaires, etc., certaines concrétions des plantes, beaucoup
de productions végétales accidentelles, etc., sont autant de
produits qui, réduits en lames minces, offrent des particularités de structure très intéressantes. Ces préparations con-
duisent à des résultats très utiles pour la science en général,
l'anatomie pathologique en particulier.

Je crois sous ce rapport, et pour ce qui concerne les études
de simple curiosité, devoir faire les remarques suivantes sur
l'emploi du microscope.

*Remarques sur l'emploi du microscope.*

On donne d'une manière générale le nom de *microscope* à tout instrument qui a la propriété de faire paraître les objets plus gros qu'ils ne sont, c'est-à-dire d'en faire peindre dans notre œil une image qui, reportée sur un plan, couvre une surface plus considérable que celle recouverte par l'objet lui-même. Cet accroissement des dimensions de l'objet s'appelle le *pouvoir amplifiant, grossissant*, ou simplement le *grossissement* du microscope. Il peut aller depuis une fraction insignifiante jusqu'à 1000 et 1100 diamètres réels. Ces mauvais moyens de mensuration ont seuls fait croire qu'on pouvait obtenir des pouvoirs amplifiants plus considérables. Il faut savoir, du reste, que passé 800 diamètres, les objectifs et oculaires grossissant davantage cessent de montrer quoi que ce soit de nouveau, non pas que la lumière soit absolument trop faible ou les couleurs de l'objet trop diffuses, mais simplement parce qu'on n'aperçoit réellement rien de plus que ce qu'on voit à 700 ou 800 diamètres. Ce n'est que très exceptionnellement, et pour mieux dire presque jamais, qu'on a besoin de dépasser un grossissement de 600 diamètres pour les observations pathologiques, qui, en général, exigent les pouvoirs amplifiants les plus grands (1).

On divise les microscopes en *microscopes simples*, aussi appelés communément *loupes*, et en *microscopes composés* ou *proprement dits*. Les uns et les autres, d'après les modèles de M. Nachet, peuvent être disposés pour la *dissection* ou pour la simple *observation* d'un objet préparé d'avance.

Le microscope, on ne saurait trop insister sur ce point, n'est pas pour le médecin un instrument dont, suivant sa volonté, il peut indifféremment ou se servir ou se passer.

______

(1) Il serait inutile d'entrer dans plus de détails sur la composition optique et mécanique, sur la théorie et la pratique du microscope, car ce travail est uniquement destiné à servir de complément à celui que j'ai publié sous le titre suivant : *Du microscope et des injections*, Paris, 1849, in-8° avec 4 planches.

C'est un instrument dont l'emploi est parfaitement déterminé ; il est destiné à nous faire connaître un ensemble considérable de parties appartenant aux êtres organisés dont l'étude ne peut être faite à l'œil nu, ni à l'aide d'un autre instrument.

Il est indispensable au zoologiste pour l'étude des animaux ou parties d'animaux de petit volume ; à l'anatomiste pour l'étude des éléments anatomiques des tissus et la texture de ceux-ci ; pour observer les organes trop petits pour que leur anatomie descriptive puisse être faite à l'œil nu, etc.

En physiologie, un nombre considérable de phénomènes se passant dans des organes d'un très petit volume, ou chez des êtres transparents ou invisibles à l'œil nu, exigent l'emploi du microscope. Tels sont les phénomènes du cours du sang, les mouvements des cils vibratiles, la contraction des fibres musculaires, etc.

Or, il se trouve que dans cette série si étendue d'objets à observer, il y en a un grand nombre de remarquables par leur forme, leurs couleurs et bien d'autres caractères. Mais pour le médecin, ce ne sont pas là des objets de simple curiosité, car il a toujours en vue, durant leur étude, d'arriver à connaître leurs usages dans tel ou tel appareil, dans tel ou tel ordre de fonctions. C'est pourquoi il est conduit à les étudier avec ordre et chacun à sa place, selon sa nature et ses propriétés.

Si maintenant nous arrivons à son emploi en pathologie, nous voyons qu'il est indispensable, pour l'étude des altérations de toutes les parties envisagées précédemment à l'état normal. Mais il n'a d'utilité réelle et durable qu'autant que la disposition des organes à l'état normal est déjà bien connue, autrement il conduit inévitablement à des applications erronées ou illusoires.

Une fois des connaissances positives acquises à l'aide de cet instrument, les applications relatives à l'art médical se présenteront en grand nombre. En médecine légale, beaucoup d'applications en ont été faites, ou peuvent encore en être faites dans diverses circonstances encore indéterminées.

Il est très souvent nécessaire d'examiner le même objet successivement avec des grossissements divers, depuis les plus faibles jusqu'aux plus puissants. Les objectifs, depuis 30 jusqu'à 60 ou 100 diamètres, sont très utiles pour examiner l'ensemble d'un tissu végétal ou animal, sain ou morbide, d'une préparation des glandes en grappe ou vasculaires, etc. C'est avec eux qu'on doit étudier tout ce qui tient à la vascularité des tissus, soit ordinairement par transparence et quelquefois par la lumière réfléchie.

Les pouvoirs amplifiants de 100 à 300 diamètres servent à étudier les os, les dents, les poils, les bulbes pileux, les culs-de-sac glandulaires, mais seulement en ce qui concerne leur groupement dans chaque *acinus*; l'étude de leurs épithéliums demande l'emploi de plus forts objectifs. Ils servent aussi à l'étude de certaines particularités des muscles, surtout chez les poissons et les reptiles, qui ont des muscles à faisceaux primitifs très larges, à celle de la terminaison des nerfs dans les muscles et des cellules ganglionnaires. Ce sont ces grossissements qui sont le plus souvent utiles dans l'étude des tissus végétaux, soit pour les trachées, vaisseaux ponctués, etc., pour les grains de pollen, pour les cellules épidermiques et ligneuses; les cellules du sarcocarpe des fruits étant en général très grandes, les grossissements de 150 à 300 sont souvent assez forts. Plusieurs espèces de grains d'amidon et ceux de la chlorophylle, divers grains de pollen, les spermatozoïdes des algues, des fougères, etc., exigent l'emploi d'objectifs allant au delà de 400 et 500 diamètres réels.

### De l'examen des préparations.

La préparation placée sur la platine du microscope, si l'objectif est à peu près *au point* où il doit être pour que l'objet préparé se trouve à son foyer, on glisse le porte-objet sur la platine de manière que le centre de la lamelle carrée qui recouvre le tout soit au-dessous de l'objectif. Si ce dernier n'est pas *au point*, on place d'abord la préparation comme il vient d'être dit et l'on fait glisser le corps du microscope dans l'anneau de la branche horizontale du pied, jusqu'à ce qu'on aperçoive vaguement les objets préparés; on achève ensuite de les placer au foyer à l'aide de la vis micrométrique. Il faut avoir soin, dans ces mouvements, de ne pas aller trop brusquement, jusqu'à presser sur la préparation, parce qu'on l'altère ou l'on brise la lamelle de verre. On arrive bientôt à donner assez de précision à ces mouvements pour n'avoir besoin de se servir de la vis micrométrique que pour les forts et moyens grossissements.

La préparation étant placée au point ou *au foyer*, on la parcourt en entier avec soin, en faisant glisser la plaque porte-objet sur la platine à l'aide des pouces de chaque main. L'habitude rend ce moyen aussi précis et bien plus commode et plus rapide que les vis micrométriques ou chariots, quoique ces mouvements doivent être très légers et faits à rebours, parce que les objets sont renversés.

Lorsqu'on est arrivé à trouver un objet que l'on veut examiner, il faut porter la main au pignon de la vis micrométrique placé au-dessous de l'oreille de la platine, et la faire mouvoir incessamment de manière à élever ou à abaisser l'objectif par des mouvements presque insensibles, pour étudier la préparation dans toute son épaisseur. Lors même qu'il ne s'agit que d'un seul globule, il faut encore se servir de ce moyen, car nous ne voyons jamais un corps tout à la fois; lorsque nous voyons sa surface, ses bords paraissent diffus, et réciproquement. On ne peut, par conséquent, bien connaître un objet qu'après l'avoir examiné ainsi successivement dans toute son épaisseur. On peut aussi, d'une main, faire glisser la plaque, et de l'autre faire mouvoir la vis micrométrique, étudier certaines dispositions en combinant les deux mouvements. Ce n'est pas du premier jour qu'on arrive à saisir, soit les caractères fournis par l'aspect général des éléments anatomiques qu'on a sous les yeux, soit les caractères distinctifs tirés de la forme de la composition, etc., de ces objets infiniment petits et si différents de ceux qui frappent ordinairement nos yeux. Il faut observer longtemps avant de se bien pénétrer de la valeur des différences d'une petite dimension absolue, mais constantes et réellement grandes l'une par rapport à l'autre. Comme ce sont des corps toujours très petits, vus par transparence, ils ont un aspect qui diffère de celui des objets que nous avons habituellement sous les yeux. Aussi faut-il aller longtemps avant de prendre l'habitude de tenir compte d'une manière complète et exacte de caractères et d'un volume aussi petit, mais constants, et pouvant être comparés les uns aux autres.

D'autres caractères encore tendent à donner un cachet spécial à chaque partie disposée en préparations pour le microscope; ils sont tirés principalement de la manière dont les corps réfractent la lumière. Tantôt ils jouissent d'un pouvoir réfringent très fort, ce qui les rend brillants au centre, foncés sur les bords lorsqu'ils sont au foyer de l'objectif, et *vice versâ* lorsqu'ils n'y sont pas : tels sont les corps gras et d'autres encore d'une nature indéterminée. D'autres fois, enfin, le pouvoir réfringent du corps n'a rien de particulier, mais ses bords peuvent être pâles ou foncés, noirâtres, nets, étroits ou élargis, moins nettement limités, etc.

De plus longs détails me conduiraient inévitablement à répéter ce que j'ai déjà publié dans l'ouvrage auquel je renvoie plus haut. C'est à ce travail que devront recourir (PRÉFACE, p. LIII, et 1ᵉ partie, p. 147) les personnes qui ne connaîtraient pas les différences qui existent entre les *grossissements réels* des microscopes et ceux, de beaucoup exagérés, que la routine et de mauvaises méthodes font donner par tous les opticiens, à l'exception de M. Nachet.

Je passe actuellement à l'énumération des diverses sortes de préparations, parmi lesquelles chaque personne pourra choisir celles qui lui conviennent, selon que ses études doivent se porter plus spécialement vers la botanique, la zoologie, la médecine ou l'histoire naturelle en général.

---

# DEUXIÈME PARTIE.

CLASSIFICATION EN TABLEAUX SYNOPTIQUES DES DIVERSES ESPÈCES
DE PRÉPARATIONS UTILES A ÉTUDIER.

La classification adoptée dans ces tableaux par ordre méthodique de genres, familles et espèces animales, végétales et minérales, permettra au naturaliste, comme au simple curieux, de reconnaître facilement les objets dont il peut avoir besoin et de faire une liste de ceux qu'il désire se procurer ; par ce moyen, on peut réunir d'une manière complète les diverses parties d'un même individu susceptibles d'être préparées. Cette disposition facilitera aussi la réunion en collections d'autres objets que l'on pourra renfermer dans une ou plusieurs boîtes à rainures, pour les mettre à l'abri de tout accident.

## ABRÉVIATIONS

*des parties anatomiques que chaque insecte des différents ordres peut fournir pour les préparations transparentes.*

A.   *abd* = abdomen.
    *aig* = aiguillon.
    *aile-mbr* = aile membraneuse.
    *at* = antenne.
B.   *bal* = balancier (organe du bourdonnement des diptères?).
C.   *cr* = cornée (œil).
    *cuil* = cuilleron.
E.   *éc* = écailles.
    *el* = élytre.
L.   *lb* = labre (lèvre supérieure).

M.   *md* = mandibule.  
     *mc* = mâchoire.

O.   *org-sex* = organe sexuel.  
     *org-buc* = organe buccal (bouche.)

P.   *pl-lb* = palpes labiaux     } (organes buccaux).  
     *pl-mx* = palpe maxillaire  
     *pt* = patte.

S.   *stg* = stigmate (organe respiratoire).

T.   *tar* = tarières (organes femelles).  
     *te* = tête entière.  
     *trh* = trachées (organes respiratoires).  
     *ts* = tarse (pied).  
     *trp* = trompe (organe buccal).  
     *tb* = tambour (organe du bourdonnement des hyménoptères).  
     *thx* = thorax.  
     ♂ = mâle.  
     ♀ = femelle.

Nota. — J'ai fait précéder de ce signe + les objets rares ou difficiles à se procurer.

---

# ANATOMIE GÉNÉRALE.

## PRÉPARATIONS DES TISSUS NORMAUX.

—

## ZOOLOGIE.

### MAMMIFÈRES.

#### A. — TISSUS DE L'HOMME.

##### TISSUS DES OS.

1° Substance compacte. — 2° Tissu spongieux.

*Coupes en sections minces transversales et longitudinales.*

    Le crâne.  
    Mâchoire supérieure.  
    Mâchoire inférieure.  
    Vertèbres (colonne vertébrale).

Sternum (poitrine).
Côtes.
Hanche (os iliaque).
Omoplate (scapulum).
Humérus (bras).
Cubitus ⎫
Radius  ⎭ (avant-bras).
Le carpe, le métacarpe, les phalanges.

### OS DES MEMBRES INFÉRIEURS.

Fémur (cuisse).
Tibia  ⎫
Péroné ⎭ (jambe).
Rotule (genou).
Le tarse et métatarse.
Phalanges des orteils.

### TISSUS CARTILAGINEUX, TENDINEUX, FIBREUX, etc.

Les parties qui concourent avec les os à la formation des articulations
sont les cartilages, les ligaments, les fibro-cartilages et les membranes
synoviales, etc.

Tissu cartilagineux ⎧ 1° du fœtus.
⎪ 2° des côtes et des voies aériennes, larynx,
⎨      trachée.
⎪ 3° des articulations.
⎩ 4° fibro-cartilages.

Tissu cartilagineux en voie d'ossification.
— tendineux.
— fibreux.
— jaune élastique.
— musculaire à faisceaux striés.
— nerveux en tubes isolés et tubes réunis en faisceaux.
— adipeux ou graisseux, à cellules isolées ou réunies.
Cellules de la moelle des os.
— de l'épiderme.
Épiderme du fœtus principalement, avec son prolongement dans
les glandes sudoripares surtout et dans les follicules pileux.
Épiderme du prépuce et globes épidermiques normaux.
Épithélium de la membrane muqueuse de la bouche.
Spermatozoaires.
Substance des ongles en sections minces.
Cheveux en sections minces transversales et longitudinales.

TISSU PROPRE DU CÉMENT ET DE L'ÉMAIL DES DENTS.

*Coupes en sections minces transversales et longitudinales.*

   Incisives,
   Canines,
   Petites molaires,
   Grosses molaires ou mâchelières,
   + Dents surnuméraires ou fausses dents.

INJECTIONS DES TISSUS DE L'HOMME.

Le but des injections est de nous faire connaître, en premier lieu, la vascularité absolue des tissus les uns par rapport aux autres, sans distinction des artères et des veines; en second lieu, la quantité et le volume relatif de ces deux ordres de vaisseaux, et souvent en outre des lymphatiques; enfin, en troisième lieu, la forme spéciale des mailles qui constituent les réseaux vasculaires, principalement des capillaires. C'est ce qu'on appelle quelquefois le mode de terminaison des vaisseaux, qui en général présente un cachet particulier dans chaque tissu, et indique par conséquent des différences de texture, lesquelles coïncident toujours avec des différences de fonctions. Cette forme spéciale des réseaux vasculaires et certaines dispositions des capillaires sont donc importantes à bien connaître, surtout dans quelques glandes et diverses muqueuses.

Du reste, dans quelque tissu que ce soit, lorsqu'on n'étudie que les vaisseaux dans un seul ordre d'organes ou de tissus, ou bien les vaisseaux indépendamment des autres éléments organiques, on est surpris du peu de résultats auxquels on est conduit, et de voir, en apparence, les parties dans lesquelles on s'attendait à trouver des différences de vascularité considérables se ressembler beaucoup. Ce fait est frappant pour les glandes en grappe, pour les séreuses, etc. Mais lorsqu'après avoir passé en revue successivement tous les tissus, d'une part, sous ce point de vue, et, d'autre part, sous celui des autres éléments, on est amené à reconnaître des différences qui primitivement avaient échappé, ou à tenir compte de celles qui avaient paru d'abord insignifiantes. La disposition des capillaires est toujours, du reste, d'une grande élégance qui explique bien l'attrait que l'examen des préparations de ce genre a de tout temps présenté aux naturalistes et aux médecins (1).

Vaisseaux capillaires de la muqueuse de l'estomac.
—         du duodénum et de ses villosités.
—         de l'intestin grêle et de ses villosités.
—         du gros intestin.
—         du pylore.
—         du cæcum.
—         du cardia.
—         de la peau, etc., etc., etc.
—         de la muqueuse trachéale et des bronches.
—         du poumon.
—         du placenta.
—         des diverses séreuses.

PRÉPARATIONS DES TISSUS MORBIDES DE L'HOMME.

Tissu des tumeurs épithéliales papilliformes.
—   des tumeurs épidermiques et globes épidermiques.
—   + des concrétions calcaires (ossification) de la plèvre, de certaines tumeurs et autres parties du corps comparé au tissu des os.
—   + des exodontoses (exostoses dentaires) comparé au tissu osseux.
—   + des exostoses du cément de la racine des dents comparé au tissu osseux.
—   + des tumeurs cartilagineuses.
—   des tumeurs fibreuses.
+ Substances des kystes sébacés de la peau.
Cristaux de cholestérine.
Globules de pus.

Dépôts urinaires des dif-{ 1° d'acide urique.
férentes maladies :       { 2° de phosphate ammoniaco-magné-
                            sien, etc.
Sections des calculs uriques, mûraux et autres.

(1) Voy. Ch. Robin, *Du microscope et des injections.* Paris, 1849, in-8, 1re partie, page 3 et suiv.

## B. — TISSUS DES MAMMIFÈRES DIVERS.

Du cheval (*Equus caballus*, L.).
De l'âne (*Equus asinus*, L.).
Du bœuf (*Bos taurus*, L.).
Du veau.
Du mouton (*Capra aries*, Fischer).
Du chevreau (*Capra hircus*, L.).
Du porc (*Sus scropha*, L.).
Du chien (*Canis familiaris*, L.).
Du chat (*Felis catus*, L.).
Du lapin (*Lepus cuniculus*, L.).

### TISSUS NORMAUX (1).

Os.
Cartilages.
Tendons.
Tissu jaune élastique.
Nerfs.
Fibres musculaires.
Cellules graisseuses.
Cornes et sabots.
Dents (émail et cément dentaires), etc.

Les fanons de la Baleine (*Balæna mysticetus*, L., et *B. borealis*, Fischer) en sections transversales et longitudinales.

Sections transversales et longitudinales des poils et des piquants des divers mammifères.

## C. — TISSUS DES OISEAUX.

### PRÉPARATIONS DU BEC, DES ERGOTS, DES OS ET DES AUTRES TISSUS DES OISEAUX DOMESTIQUES.

De l'oie (*Anas anser*, L.).
Du canard (*Anas boschas*, L.).
Du coq d'Inde (*Meleagris gallo-pavo*, L.).
De la poule (*Phasianus gallus*, L.).

(1) Pour abréger et éviter une trop longue énumération par la répétition des pièces anatomiques appartenant à d'autres mammifères, lesquelles se divisent de la même manière que celles de l'homme, je me suis borné à n'indiquer que quelques parties avec le nom des animaux domestiques les plus connus, afin de réserver une place pour chacune des autres familles des différents ordres.

## OISEAUX EXOTIQUES.

### PRÉPARATIONS DES PLUMES ET DES ERGOTS.

*Cinnyris* du Sénégal.
*Trochilus pella* du Brésil.
*Ornysmia rubina* du Brésil.
    —    *cestita* de Colombie.
    —    *paradisea* de Colombie.
    —    *pralina* du Brésil.
    —    *glaucopis* du Brésil.
    —    *Clarisse* de Colombie.
    —    *moschita* du Brésil.
    —    *cupricentis* de Colombie, etc.

## D. — TISSUS DES REPTILES.

### PRÉPARATIONS DES TISSUS FIBREUX, DES SPERMATOZOAIRES, OS, DENTS, CROCHETS A VENIN, ETC.

Tortues.
Lézards.
Couleuvres.
Vipères.
Crotales et autres ophidiens venimeux.
Écailles et carapaces costales de tortues en coupes transversales.
Plaques osseuses cutanées et écailles des crocodiles.

## E. — TISSUS DES BATRACIENS.

Grenouilles.
Crapauds.
Salamandres, etc.

## F. — TISSUS DES POISSONS.

### PRÉPARATIONS DES ÉCAILLES, DES MUSCLES, DES ARÊTES ET DES AUTRES OS.

Écailles osseuses et à émail des esturgeons (*Acipenser sturio*, L.).
Piquants ou boucles de raies (*Raia clavata*, L.) et piquants d'*Orbes épineux* ou Diodon (*Diodon alinga*, Seba et Bloch) en coupes transversales et longitudinales, tant du piquant que de la base élargie.

Piquants du chien de mer *aiguillat* en coupes transversales et
longitudinales (*Acanthias vulgaris*, Müller et Troschel).
Dents de requins en coupes transversales et longitudinales.
Dents ou plaques dentaires du palais de divers poissons.
Coupes minces en divers sens des pierres de l'oreille ou otolithes
des poissons.

L'énumération suivante est faite en observant l'ordre de la facilité avec
laquelle se font les préparations des écailles des poissons suivants :

Ablette (*Cyprinus alburnus*, L.).
Anguille (*Muræna anguilla*, L.).
Brochet (*Esox lucius*, L.).
Carpe (*Cyprinus carpio*, L.).
Congre (*Muræna conger*, L.).
Hareng (*Clupea harangus*, L.).
Merlan (*Gadus merlangus*, L.).
Perche (*Perca fluviatilis*, L.).
Sole (*Pleuronectes solea*, L.). Etc.


PRÉPARATIONS DE SANGS DE DIFFÉRENTES CLASSES D'ANIMAUX (1).


De l'homme (*Homo sapiens*, L.).
Hématoïdine pure cristallisée, provenant de la matière colorante
du sang de l'homme.
Sang de bœuf (*Bos taurus*, L.).
— de mouton (*Ovis aries*, L.).
— de chien (*Canis familiaris*, L.).
— de chat (*Felis catus domesticus*, L.).
— de lapin (*Lepus cuniculus*, L.).
— de canard (*Anas boschas*, L.).
— de poulet (*Phasianus gallus*, L.).
— de reptiles.
— de batraciens.
— de poissons, etc., etc.


(1) Les préparations des différents sangs à part ont pour but de permettre
de comparer la forme de leurs globules et de reconnaître ceux qui sont les plus
riches en globules blancs, ce qui intéresse essentiellement les physiologistes.

# ENTOMOLOGIE.

## TISSUS DES INSECTES.

*Coupes minces des élytres et de toutes les parties dures des insectes, faites pour étudier la structure de leur squelette, et le mode de jonction et d'articulation de ces parties les unes avec les autres (1).*

### DISSECTIONS ANATOMIQUES DES INSECTES.

#### COLÉOPTÈRES

##### PENTAMÈRES.

###### CARABIQUES.

*Anchomenus prassinus* Fab. — at, lb, md, pl-mx, pll-b, el, pl, ♂, ♀.
*Cicindela campestris* Lin. — md, pl, org-sex.
   »    *hybrida* Fab. — md, pl, org-sex.
*Odacantha melanura* Fab. — at, lb, md, pl-mx, pl-lb, pt, org-sex.
*Drypta emarginata* Fab. — md, pl-mx, pl-lb, pt, org-sex.
*Demetrias imperialis* Dej. — at, lb, md, pl-mx, pl-lb, el, pl, ♂, ♀.
*Dromius linearis* Oliv. — at, lb, md, pl-mx, pl-lb, pt, org-sex.
*Lebia chlorocephala* Dej. — at, lb, md, pl-mx, pl-lb, el, pt, org-sex.
*Aptinus alpinus* Dej. — at, lb, md, pl-mx, pl-lb, pt, org-sex.
*Brachinus sclopeta* Dej. — at, lb, md, pl-mx, pl-lb, EL, pt, org-sex.
*Scarites Polyphemus* Bon. — pl-réunis, pt, org-sex.
*Clivina arenaria* Fab. — at, lb, md, md, pl-mx, pl-lb, pt, org-sex.
*Ditomus sulcatus* Dej. — pl-réunis, pt, org-sex.
*Carabus catenulatus* Fab. — pl-mx, pl-lb, pt, org-sex.
   »    *hortensis* Fab. — pl-mx, pl-lb, pt, org-sex.
   »    *monetis* Fab. — pl-mx, pl-lb, pt, org-sex.
   »    *vagans* Oliv. — pl-mx, pl-lb, pt, org-sex.
   »    *auratus* Lin. — pl-mx, pl-lb, pt, org-sex.
   »    *purpurascens* Fab. — pl-mx, pl-lb, pt, org-sex.

(1) Les fibres musculaires, les organes digestifs, ceux des sécrétions, les organes respiratoires, les trachées et stigmates, le système nerveux, les organes de la vision, de la génération, les spermatozoaires, et tout ce qui appartient en général à l'anatomie des insectes peut être également conservé en préparations microscopiques. On trouvera plus loin une remarque concernant les diverses sortes de préparations des tissus dors des mollusques et le choix qu'on en doit faire, qui s'applique en tous points aux préparations du squelette des insectes.

*Nebria psammodes* Rossi. — at-lb, md, pl-mx, pl-lb, pt, org-sex.
   »      *brevicollis* Fab. — pl-mx, pl-lb, pt, org-sex.
*Licinus peltoides* Megr. — pl-mx, pl-lb, pt, org-sex.
*Badister cephalotes* Dej. — at, lb, md, pl-mx, pl-lb, el, pt, ♂, ♀.
*Patrobus rufipes* Fab. — at, md, pl-mx, pl-lb, pt, org-sex.
*Pristonychus terricola* Fab. — pl-mx, pl-lb, pt, org-sex.
*Calathus cesteloïdes* Fab. — at, lb, md, pl-mx, pl-lb, pt, ♂, ♀.
   »      *gallicus rambus* Fab. — at, lb, md, pl-mx, pl-lb, pt, ♂, ♀.
   »      *rotundicollis* Dej. — at, lb, md, pl-mx, pl-lb, pt, ♂, ♀.
   »      *latus* Lin. — at, lb, md, pl-mx, pl-lb, pt, ♂, ♀.
*Harpalus æneus* Dej. — at, lb, md, pl-mx, pl-lb, pt, org-sex.
   »      *cuprous* Dej. — at, lb, md, pl-mx, pl-lb, pt, org-sex.
   »      *ruficornis* Dej. — at, lb, md, pl-mx, pl-lb, el, pt, org-sex,
   »      *subcordatus* Dej. — at, lb, md, pl-mx, pl-lb, el, pt, org-sex.
*Amara plebeja* Gyll. — at, lb, md, pl-mx, pl-lb, pt, org-sex.
   »      *trivialis* Dufh. — at, lb, md, pl-mx, pl-lb, el, pt, org-sex.
*Pœcilus lepidus* Fab. — pl-mx, pl-lb, pt, org-sex.
*Argutor abaxoides* Dej. — at, lb, md, pl-mx, pl-lb, pt, org-sex.
*Steropus concinus* Dej. — pl-mx, pl-lb, pt, org-sex.
*Abax striola* Fab. — pl-mx, pl-lb, pt, org-sex.
*Pterostichus rutilans* Bon. — pl-mx, pl-lb, pt, org-sex.
*Omaseus melanarius* Mej. — pl-mx, pl-lb, pt, org-sex.
*Stenolophus vaporarium* Fab. — at, lb, md, pl-mx, pl-lb, pt, org-sex.
*Trechus rubens* Dej. — at, lb, md, pl-mx, pl-lb, el, pt, ♂, ♀.
*Bembidium cillenum* Dej. — at, lb, md, pl-mx, pl-lb, pt, org-sex.
   »      (*Lopha*) *articulatum* Dej. — at, lb, md, pl-réunis, el, pt,
         org-sex.
   »      (*Tachypus*) *flavipes* Lin. — at, lb, md, pl-réunis, pt, org-sex.


### HYDROCANTHARES.

*Cybister africanus* Lap. — at, cr, lb, md, pl-réunis, pt, abd, org-sex.
*Dytiscus marginalis* Lin. — at, cr, lb, md, pl-réunis, stg, ventouse, pt,
         abd, org-sex.
*Eunectes griseus* Fab. — at, lb, md, pl-réunis, el, pt, avd, org-sex.
*Acilius sulcatus* Lin. — at, lb, md, pl-réunis, ventouse, pt, abd, org-sex.
*Hydaticus Hybneri* Fab. — at, pl-réunis, pt, org-sex.
*Colymbetes fuscus* Lin. — at, pl-réunis, pt, abd, org-sex.
*Ilybius ater* Dej. — at, pl-réunis, pt, org-sex.
*Agabus abbreviatus* Fab. — at, pl-réunis, pt, org-sex.
   »      *bipustulatus* Lin. — at, pl-réunis, pt, org-sex.
*Hyphydrus ovatus* Lin. — pl-réunis, pt, org-sex.

## BRACHÉLYTRES.

### Staphylins.

*Astrapæus Ulmi* Gravenh. — at, lb, md, pl-mx, pl-lb, el, pt, abd, org-sex.
*Oxyporus rufus* Lin. — at, lb, md, pl-mx, pl-lb, el, pt, abd, ♂, ♀.
*Staphylinus (Quedius) impressus* Panz. — at, lb, md, pl-mx, pl-lb, el, pt, abd, ♂, ♀.
*Staphylinus lateralis* Grav. — at, lb, md, pl-mx, pl-lb, pt, abd, org-sex.
»        *maxillosus* Lin. — lb, md, pl-mx, pl-lb, pt, abd, ♂, ♀.
»        *murinus.* — at, lb, md, pl-mx, pl-lb, pt, abd, ♂, ♀.
*Ocypus oleus* Fab. — at, lb, md, pl-mx, pl-lb, pt, abd, ♂, ♀.
»        *pedator* Grav. — at, lb, md, pl-mx, pl-lb, pt, abd, org-sex.
*Lathrobium multipunctatum,* Lin. — at, lb, md, pl-mx, el, pt, abd, ♂, ♀.
»        *elongatum* Lin. — at, lb, md, pl-mx, pl-lb, el, pt, abd, org-sex.
*Pæderus littoralis* Grav. — at, lb, md, pl-mx, pl-lb, pt, abd, ♂, ♀.
*Stenus Juno* Fab. — at, lb, md, pl-mx, pl-lb, el, pt, abd, ♂, ♀.
»        *ater* Fab. — at, lb, md, pl-mx, pl-lb, el, pt, abd, ♂, ♀.
»        *gutullatus* Fab. — at, lb, md, pl-mx, pl-lb, el, pt, abd, ♂, ♀.
*Xantholinus tricolor* Fab. — at, lb, md, pl-mx, pl-lb, pt, abd, ♂, ♀.
»        *linearis* Oliv. — at, lb, md, pl-mx, pl-lb, abd, ♂, ♀.
*Philonthus lævicollis* Lacord. — at, lb, md, pl-mx, pl-lb, pt, abd, ♂, ♀.
»        *debilis* Grav. — at, lb, md, pl-mx, pl-lb, pt, abd, ♂, ♀.
»        *decorus* Grav. — at, lb, md, pl-mx, pl-lb, pt, abd, ♂, ♀.
»        *ebeninus* Grav. — at, lb, md, pl-mx, pl-lb, pt, abd, ♂, ♀.
»        *varius* Grav. — at, lb, md, pl-mx, pl-lb, pt, abd, ♂, ♀.
»        *æneus* Grav. — at, lb, md, pl-mx, pl-lb, pt, abd, ♂, ♀.
»        *politus.* — at, lb, md, pl-mx, pl-lb, pt, abd, ♂, ♀.
*Othius fulcipennis* Fab. — at, lb, md, pl-mx, pl-lb, el, pt, abd, ♂, ♀.
*Lithocharis ochracea* Grav. — te, pt, org-sex.
»        *laticollis* Grav. — te, pt, org-sex.
»        *melanocephalus* Fab. — te, pt, org-sex.
*Myrmedonia humeralis* Lin. — at, lb, md, pl-mx, pl-lb, pt, abd, ♂, ♀.
»        *funesta* Lin. — at, lb, md, pl-mx, pl-lb, pt, abd, ♂, ♀.
*Tachinus flavipes* Fab. — at, lb, md, pl-mx, pl-lb, pt, abd, ♂, ♀.
»        *hypnorum* Fab. — at, lb, md, pl-mx, pl-lb, pt, abd, ♂, ♀.
*Oxytelus complanatus* Fab. — at, lb, md, pl-mx, pl-lb, el, pt, abd, ♂, ♀.
»        *(Bledius) tricornis* Merh. — at, lb, md, pl-mx, pl-lb, el, pt, abd, ♂, ♀.
»        *piceus* Merh. — at, lb, md, pl-mx, pl-lb, el, pt, abd, ♂, ♀.
»        *sculpturatus* Merh. — at, lb, md, pl-mx, pl-lb, el, pt, abd, ♂, ♀.

*Omalium rivulare* Payk. — at, lb, md, pl-mx, pl-lb, pt, org-sex.
 »      *floreal* Payk. — at, lb, md, pl-mx, pl-lb, pt, org-sex.

## SERRICORNES.

### Buprestes, etc.

*Ancylochira rustica* Lin. — at, pl-mx, pl-lb, pt, org-sex.
*Anthaxia nitidula* Lin. — at, pl-mx, pl-lb, el, pt, org-sex.
*Trachys minuta* Fab. — at, pl-mx, pl-lb, pt, org-sex.
*Malachius bipustulatus* Fab. — at, lb, md, pl-mx, pl-lb, el, pt, ♂, ♀.
*Elater (Lacon) murinus* Lin. — at, pl-mx, pl-lb, pt, org-sex.
 »      *(Athous) hirtus* Merh. — at, pl-mx, pl-lb, pt, org-sex.
 »      *(Ampedus) sanguineus* Lin. — at, pl-mx, pl-lb, pt, org-sex.
 »      *(Agriotes) pilosus* Fab. — at, pl-mx, pl-lb, pt, org-sex.
*Lampyris noctiluca* Lin. — at, ab, md, pl-mx, pl-lb, el, pt, abd, ♂, ♀.
 »      *(Luciola) italica* Lin. — at, lb, md, pl-mx, pl-lb, el, pt,
      abd, ♂, ♀.
*Telephorus fuscus* Lin. — at, lb, m, pl-mx, pl-lb, el, pt, org-sex.
 »      *melanaria* Fab. — at, alb, md, pl-mx, pl-lb, el, pt, org-sex.

## CLAVICORNES.

*Tillus (Clerus) mutillarius* Fab. — at, pl-mx, pl-lb, pt, org-sex.
 »      *(Trichodes) alvearius* Fab. — at, pl-mx, pl-lb, pt, org-sex.
 »      *(Corynetes) violaceus* Fab. — at, pl-mx, pl-lb, pt, org-sex.
*Hister quadrimaculatus* Lin. — at, lb, md, pl-mx, pl-lb, pt, org-sex.
 »      *(Saprinus) nitidulus* Fab. — at, lb, md, pl-mx, pl-lb, pt, ♂, ♀.
 »      *lunatus* Fab. — at, lb, md, pl-mx, pl-lb, pt, ♂, ♀.
*Necrophorus humator* Fab. — at, lb, md, pl-mx, pl-lb, pt, ♂, ♀.
 »      *investigator* Fab. — at, lb, md, pl-mx, pl-lb, pt, ♂, ♀.
*Silpha lævigata* Fab. — at, lb, md, pl-mx, pl-lb, pt, ♂, ♀.
 »      *atrata* Fab. — at, lb, md, pl-mx, pl-lb, pt, ♂, ♀.
*Silpha sinuata* Fab. — at, lb, md, pl-mx, pl-lb, pt, ♂, ♀.
 »      *quadripunctata* Fab. — at, lb, md, pl-mx, pl-lb, pt, ♂, ♀.
 »      *obscura* Fab. — at, lb, md, pl-mx, pl-lb, pt, ♂, ♀.
 »      *thomica* Fab. — at, lb, md, pl-mx, pl-lb, pt, ♂, ♀.
*Dermestes lardarius* Lin. — at, pl-mx, pl-lb, pt, ♂, ♀.
*Byrrhus varius* Fab. — at, pl-réunis, pt, ♂, ♀.

## PALPICORNES.

*Hydrophilus (Hydrous) caraboides* Lin. — at, pl-réunis, pt, org-sex.
 »      *(Sphæridium) scarabæides* Lin. — at, pl-réunis, pt, org-sex.

## LAMELLICORNES.

### Scarabées.

*Copris lunaris* Lin. — at, lb, md, pl-mx, pl-lb, pt, abd, ♂, ♀.
*Aphodius erraticus* Lin. — at, lb, md, pl-mx, pl-lb, pt, ♂, ♀.
　　　»　　*fossor* Lin. — at, lb, md, pl-mx, pl-lb, pt, ♂, ♀.
　　　»　　*fimetarius* Lin. — at, lb, md, pl-mx, pl-lb, pt, ♂, ♀.
　　　»　　*rufipes* Lin. — at, lb, md, pl-mx, pl-lb, pt, ♂, ♀.
　　　»　　*prodromus* Fab. — at, lb, md, pl-mx, pl-lb, es, pt, ♂, ♀.
　　　»　　*arenarius* Costa. — at, lb, md, pl-mx, pl-lb, pt, ♂, ♀.
　　　»　　*subterraneus* Lin. — at, lb, md, pl-mx, pl-lb, pt, ♂, ♀.
*Onthophagus nuchicornis* Fab. — at, lb, md, pl-mx, pl-lb, pt, ♂, ♀.
　　　»　　*ovatus* Fab. — at, lb, md, pl-mx, pl-lb, pt, ♂, ♀.
　　　»　　*fracticornis* Fab. — at, lb, md, pl-mx, pl-lb, pt, ♂, ♀.
*Geotrupes sylvaticus* Panz. — at, lb, md, pl-mx, pl-lb, pt, abd, ♂, ♀.
　　　»　　*stercorarius* Lin. — at, lb, md, pl-mx, pl-lb, pt, abd, ♂, ♀.
*Trox perlatus* Scrib. — pl-mx, pl-lb, org-sex.
*Melolontha vulgaris* Lin. — at, pl-réunis, abd, org-sex.
　　　»　　*æstivus* Oliv. — at, pl-réunis, pt, ♂, ♀.
　　　»　　*Frischii* Panz. — at, pl-réunis, pt, ♂, ♀.
　　　»　　*horticola* Lin. — at, pl-réunis, pt, ♂, ♀.
*Trichius gallicus* Lin. — at, pl-réunis, org-sex.
　　　»　　*nobilis* Lin. — at, pl-réunis, org-sex.
　　　»　　*hemipterus* Lin. — at, pl-réunis, pt, org-sex.
*Cetonia aurata* Lin. — ant, pl-réunis, org-sex.
　　　»　　*stictica* Lin. — at, pl-réunis, org-sex.
*Lucanus cervus* Lin. — pl-mx, pl-lb, org-sex.
　　　»　　*parallelipipedus* Fab. — at, pl-mx, pl-lb, org-sex.


## HÉTÉROMÈRES.

### MÉLASOMES

*Scaurus punctatus* Herbs. — pl-réunis, pt, org-sex.
*Asida grisea* Fab. — pl-mx, pl-lb, org-sex.
*Blaps mucronata* Latr., Chevr. — pl-réunis, org-sex.
*Pedinus helopioides* Germ. — pl-mx, pl-lb, pt, org-sex.
　　　»　　*hybridus* Latr. — pl-mx, pl-lb, pt, org-sex.
*Tenebrio obscurus* Fab. — pl-réunis, pt, org-sex.
　　　»　　*molitor* Lin. — pl-réunis, pt, org-sex.


### TAXICORNES.

*Diaperis Boleti* Lin. — pl-réunis, pt, ♂, ♀.

*Phaleria cadaverina* Fab. — at, pl.-réunis. pt, ♂, ♀.
*Tetratoma fungorum* Fab. — at, md, pl-réunis, pt, ♂, ♀.

### STÉNÉLYTRES.

*Pytho cœruleus* Latr. — at, md, pl-mx, pl-lb, pt, ♂, ♀.
*Helops caraboides* Pauz. — at, md, pl-mx, pl-lb, pt, ♂, ♀.
*Cistela sulphurea* Lin. — at, md, pl-mx, pl-lb, pt, ♂, ♀.
*Lagria hirta* Lin. — at, md, pl-mx, pl-lb, pt, ♂, ♀.
*Œdemera cœrulea* Lin. — md, pl-mx, pl-lb, pt, org-sex.
 »  *lurida* Marsh. — md, pl-mx, pl-lb, pt, org-sex.

### TRACHÉLIDES.

*Apolus bipunctatus* Germ. — pl-réunis, pt, org-sex.
*Mordella aculeata* Lin. — at, pl-réunis, pt, org-sex.
*Mylabris quadripunctata* Lin. — pl-réunis, pt, org-sex.
 »  *floralis* Lin. — pl-réunis, pt, org-sex.
*Cerocoma Schœfferi* Lin. — at, pl-réunis, el, pt, org-sex.
*Cantharis vesicatoria* Latr. — pl-réunis, el, pt, org-sex.
*Zonitis præusta* Fab. — pl-réunis, el, pt, org-sex.

### TÉTRAMÈRES.

#### CURCULIONITES.

*Apoderus Coryli* Lin. — at, pl-réunis, pt, org-sex.
*Chlorophanus viridis* Lin. — at, pl-réunis, pt, org-sex.
*Polydrosus sericeus* Schall. — at, pl-réunis, ec, pt, org-sex.
*Otiorhynchus Ligustici* Lin. — pl-réunis, ec, pt, org-sex.

#### XYLOPHAGES.

*Bostrichus capucina* Fab. — pl-réunis, pt, org-sex.
*Mycetophagus quadrimaculatus* Fab. — at, pl-réunis, el, pt, org-sex.

#### LONGICORNES.

*Saperda charcarias* Lin. — pl-mx, pl-lb, org-sex.
*Prionius coriarius* Fab. — pl-mx, pl-lb, org-sex.
*Purpuricenus Kœhleri* Fab. — pl-mx, pl-lb, org-sex.
*Hammaticherus cerdo* Fab. — pl-mx, pl-lb, pt, org-sex.
*Hylotrupes bajulus* Lin. — pl-mx, pl-lb, pt, org-sex.
*Asemum striatum* Lin. — pl-mx, pl-lb, pt, org-sex.
*Criocephalum rusticum* Fab. — pl-mx, pl-lb, pt, org-sex.

*Clytus arietis* Lin. — pl-mx, pl-lb, pt, org-sex.
   »    *gazella* Fab. — pl-mx, pl-lb, pt, org-sex.
   »    *arcuatus* Lin. — pl-mx, pl-lb, pt, org-sex.
   »    *quadripunctatus* Lin. — pl-mx, pl-lb, ec, pt, org-sex.
   »    *massiliensis* Lin. — pl-mx, pl-lb, pt, org-sex.
*Stenopterus rufus* Lin. — md, pl-mx, pl-lb, pt, org-sex.
*Dorcadion fuliginator* Lin. — pl-réunis, org-sex.
*Acanthoderus varius* Fab. — pl-mx, pl-lb, pt, org-sex.
*Agapanthia irrorata* Fab. — pl-mx, pl-lb, pt, org-sex.
   »    *angusticollis*. — pl-mx, pl-lb, pt, org-sex.
*Oberea papillata* Schall. — pl-mx, pl-lb, pt, org-sex.
   »    *linearis* Lin. — pl-mx, pl-lb, pt, org-sex.
*Phytœcia virescens* Fab. — pl-mx, pl-lb, pt, org-sex.
*Rhamnusium salicis* Fab. — pl-mx, pl-lb, pt, org-sex.
*Rhagium bifasciatum* Fab. — pl-mx, pl-lb, pt, org-sex.
*Titanus cursor* Fab. — pl-mx, pl-lb, pt, org-sex.
*Pachyta quadrimaculata* Fab. — pl-mx, pl-lb, pt, org-sex.
*Strenura quadrifasciata* Fab. — pl-mx, pl-lb, pt, org-sex.
   »    *nigra* Lin. — md, pl-mx, pl-lb, pt, org-sex.
   »    *melanura* Lin. — md, pl-mx, pl-lb, pt, org-sex.
*Leptura tomentosa* Fab. — pl-mx, pl-lb, pt, org-sex.
   »    *hastator* Fab. — pl-mx, pl-lb, pt, org-sex.
*Grammoptera lurida* Fab. — pl-mx, pl-lb, pt, org-sex.
   »    *lœvis* Fab. — pl-mx, pl-lb, pt, org-sex.
*Strangalea attenuata* Fab. — pl-mx, pl-lb, pt, org-sex.
*Pogonocherus pilosus* Fab. — pl-mx, pl-lb, pt, org-sex.
*Toxotus meridianus* Fab. — pl-mx, pl-lb, pt, org-sex.


### CHRYSOMÉLINES.

*Orsodacna Cerasi* Fab. — at, pl-réunis, el, pt, ♂, ♀.
*Donacia crassipes* Fab. — pl-mx, pl-lb, pt, ♂, ♀.
   »    *senna* Fab. — pl-mx, pl-lb, pt, ♂, ♀.
   »    *simplex* Fab. — pl-mx, pl-lb, pt, ♂, ♀.
   »    *Mynianthidis* Fab. — pl-mx, pl-lb, pt, ♂, ♀.
*Crioceris asparagi* Lin. — pl-réunis, el, pt, org-sex.
*Hispa testacea* Lin. — pl-réunis, el, pt, org-sex.
*Cassida equestris* Fab. — at, pl-réunis, pt, org-sex.
*Clytra quadripunctata* Fab. — pl-réunis, pt, org-sex.
*Cryptocephalus sericeus* Lin. — pl-réunis, pt, org-sex.
*Chrysomela Graminis* Lin. — pl-réunis, pt, org-sex.
   »    *Populi* Lin. — pl-réunis, pt, org-sex.
   »    *Polygoni* Lin. — pl-réunis, pt, org-sex.

*Chrysomela Hottentotta* Fab. — pl-réunis, pt, org-sex.
*Helodes Phellandrii* Lin. — at, pl-réunis, el, pt, org-sex.
*Luperus viridipennis* Gur. — at, md, pl-réunis, pt, org-sex.
*Galleruca Tanaceti* Lin. — pl-réunis, pt, org-sex.
　　　　» 　　*Alni* Lin. — pl-réunis, pt, org-sex.
*Tritoma bipustulata* Fab. — at, pl-réunis, pt, org-sex.

## TRIMÈRES.

### COCCINELLES.

*Coccinella septempunctata* Lin. — pl-réunis, pt, org-sex.
　　　　» 　　*12-punctata* Lin. — at, pl-réunis, pt, org-sex.
　　　　» 　　*bipunctata* Lin. — pl-réunis, pt, org-sex.
　　　　» 　　*impustulata* Lin. — pl-réunis, pt, org-sex.
*Lycoperdina fasciata* Lin. — pl-réunis, pt, org-sex.

## ORTHOPTÈRES.

### COUREURS.

*Forficula auricularia* Lin. — at, lb, md, pl-mx, pl-lb, pt, forcipules.
　　　　» 　　*minor* Lin. — at, lb, md, pl-mx, pl-lb, el, aile-mbr, pt, for-
　　　　　　cipules.

### BLATTAIRES.

*Kakerlac orientalis* Lin., Latr. — at, lb, md, pl-mx, pl-lb, el, aile-mbr,
　　　　　　pt, org-sex.
*Blatta laponica* Lin. — at, lb, md, pl-réunis, el, pt, org-sex.
　　　　» 　　*pallida* Oliv. — at, lb, md, pl-réunis, el, pt, org-sex.

### GRILLONIENS.

#### Sauteurs.

*Grillus campestris* Lin. — cr, pl-mx, pl-lb, el, pt, org-sex.
　　　　» 　　*domesticus* Lin. — cr, pl-mx, pl-lb, el, pt, org-sex.
*Nemobius sylvestris* Bosc. — at, md, pl-réunis, pt, org-sex.

### LOCUSTAIRES.

*Ephippiger Vitium* Serville. — org-buc.
*Xiphidium fuscum* Fab. — org-buc, pt, tar.
*Locusta viridissima* Lin. — cr, org-buc, pt, tar.

### ACRIDITES.

*Œdipoda cœrulescens* Lin. — cr, org-buc, aile-mbr, pt.
　　　　» 　　*cœrulans* Lin. — cr, org-buc, aile-mbr, pt.

# HÉMIPTÈRES.

### GÉOCORISES.

*Pentatoma Amygdali* Germ. — trp, ailé, pt, org-sex.
*Coreus spiniger* Fab. — trp, aile, pt, org-sex.
*Reduvius personatus* Lin. — trp, pt, org-sex.
*Hydrometra stagnorum* Fab. — tête, pt.
*Geocoris paludum* Fab. — tête, pt.

### HYDROCORISES.

*Nepa cinerea* Lin.
*Ranatra linearis* Lin.
*Naucoris cimicoides* Fab. — org-buc, pt, org-sex.
*Corixa semistriata* Phœn. — cr, trp, pt, aile.
*Notonecta glauca* Fab. — cr, trp, pt, abd.

### HOMOPTÈRES.

*Fulgora europea* Lin. — trp, aile, pt.
*Issus coleoptratus* Fab. — trp, thx, aile, pt.
*Ledra aurita* Fab. — trp, aile, pt.
*Centrotus cornutus* Fab. — trp, aile, pt.
*Cercopis sanguinolenta* Lin. — trp, aile, pt.
      »        *bifasciata* Lin. — trp, aile, pt.

### GALLINSECTES.

*Dorthesia urtica* Fab.

# NÉVROPTÈRES.

### LIBELLULIDÉES.

*Libellula cancellata* Fab. — cr, org-buc, pt, org-sex.
      »        *vulgata* Lin. — cr, org-buc, pt, org-sex.
*Gomphus forcipatus* De Selys. — cr, org-buc, pt, org-sex.
*Anax formosa* De Selys. — cr, org-buc, pt, org-sex.

### AGRIONINES.

*Calepteryx virgo* Lin. — cr, org-buc, aile, pt, $\sigma$, tar.
      »        *ludoviciana* De Selys. — cr, org-buc, aile, pt, $\sigma$, tar.
*Lestes sponsa* De Selys. — org-buc, aile, pt, $\sigma$, tar.
*Agrion platypoda* De Selys. — org-buc, aile, pt, $\sigma$, tar.
      »        *pupilla* De Selys. — org-buc, aile, pt, $\sigma$, tar.

### ÉPHÉMÉRIDÉS.

*Ephemera speciosa* Lin. — org-buc, pt, filets, son enveloppe.
    »        *culiformis* Latr. — son enveloppe.

### PLANIPENNES.
#### Panorpates.

*Panorpa communis* Latr. — org-buc, ailes, pt, org-sex.

### FOURMILIONS.

*Myrmeleo libelluloides* Latr. — cr, org-buc, aile, pt, org-sex.
    »       *larva* Latr.

### HÉMÉROBES.

*Hemerobius perla* Latr. — tête et org-buc, aile, pt, org-sex.
*Nemoura nebulosa* Latr. — org-buc, aile, pt, org-sex.

## HYMÉNOPTÈRES.

### TÉRÉBRANTS TENTHRÉDINES.
#### Porte-scie.

*Hylotoma pagana* Fab. — org-buc, ailes, pt, tar.
*Tenthredo abietis* Fab. — org-buc, ailes, pt, tar.
    »     *viridis* Fab. — org-buc, aile, pt, tar.
    »     *succincta* Fab. — org-buc, aile, pt, tar.
    »     *vespiformis* Lin. — org-buc, aile, pt, tar.
    »     *germanicus* Fab. — org-buc, aile, pt, tar.
    »     *niger* Fab. — org-buc, aile, pt, tar.
    »     *bicolor* Fab. — org-buc, aile, pt, tar.
*Pamphilius Betulæ* Fab. — org-buc, aile, pt, tar.
*Cyphus pygmæus* Fab. — org-buc, aile, pt, tar.
*Sirex gigas* Fab. — org-buc, aile, tb, pt, tar.

### PUPIVORES.

*Ichneumon xanthorius* Gray. — org-buc, aile, pt, org-sex.
    »        *luctatorius* Fab. — org-buc, aile, pt, org-sex.
*Pimplus manifestator* Latr. — org-buc, aile, pt.
*Chrysis ignita* Lin. — org-buc, aile, pt, org-sex.
*Cynips pallens* Oliv. — tr, aile, pt, org-sex.
    »     *Quercus tojæ* Fab. — org-buc, ailes, pt, org-sex.
*Leucospis dorsigera* Fab. — org-buc, aile, pt, org-sex.
    »       *gigas* Fab. — org-buc, aile, pt, org-sex.

### PORTE-AIGUILLON.

#### Hétérogynes.

*Formica ligniperda?* Fab. — org-buc, pt, org-sex, aig.
   » *rufa* Fab., Muller. — at, md, pl-réunis, aile, pt, org-sex, aig.
*Mirmica radiana* Lionnet. — at, md, pl-réunis, pt, org-sex, aig.
   » *fuscula* S. Larg. — at, md, pl-réunis, pt, org-sex, aig.
*Mutilla incompleta* S. Larg. — at, md, pl-réunis, aile, pt, org-sex, aig.

#### FOUISSEURS.

*Scolia notata* Panz. — org-buc, ailes, tb, pt, org-sex, aig.
*Pamphilius fuscus* Fab. — org-buc, ailes, tb, pt, org-sex, aig.
*Pelopœus spirifex* Fab. — org-buc, tb, pt, org-sex, aig.
*Bembex rostrata* Fab. — org-buc, tb, pt, org-sex, aig.
*Tachytes obsoleta* Rossi. — org-buc, tb, pt, org-sex, aig.
*Crabro cribrarium* Fab. — org-buc, tb, pt, org-sex, aig.
*Philanthus diadema* Fab. — org-buc, tb, pt, org-sex, aig.
*Cerceris ornata* Panz. — org-buc, tb, pt, org-sex, aig.

#### DIPLOPTÈRES.

*Eumenes coarctata* Fab. — org-buc, ailes, tb, pt, org-sex, aig.
*Vespa crabro* Fab. — cr, org-buc, ailes, tb, pt, org-sex, aig.
   » *orientalis* Fab. — cr, org-buc, ailes, tb, pt, org-sex, aig.
   » *vulgaris* Fab. — cr, org-buc, ailes, tb, pt, org-sex, aig.
*Polystes Geoffroyi* Fab. — cr, org-buc, ailes, tb, pt, org-sex, aig.
   » *gallicus* Fab. — cr, org-buc, ailes, tb, pt, org-sex, aig.

#### MELLIFÈRES.

*Andrena pratensis* Kirby. — org-buc, ailes, pt, org-sex, aig.
   » *thoracica* Fab. — org-buc, ailes, pt, org-sex, aig.
*Dasypoda plumipes* Panz. — org-buc, ailes, pt, org-sex, aig.
*Sphecodes gibba* Fab. — org-buc, ailes, pt, org-sex, aig.
*Halictus œanthopus* Kirby. — org-buc, ailes, pt, org-sex, aig.
   » *zebrus* Kirby. — org-buc, ailes, pt, org-sex, aig.
*Nomada ruficornis* Fab. — org-buc, ailes, pt, org-sex, aig.
   » *fulva* S. Farg. — org-buc, ailes, pt, org-sex, aig.
*Megachile centuncularis* Fab. — org-buc, ailes, pt, org-sex, aig.
   » *muraria* Lin. — cr, org-buc, ailes, tb, pt, org-sex, aig.
   » *cornata* Fab. — org-buc, ailes, tb, pt, arg-sex, aig.
*Xylocopa violacea* Lin. — cr, org-buc, ailes, tb, pt, org-sex, aig.

*Macrocera longicornis* Fab. — org-bur, ailes, pt, org-sex, aig.
*Anthophora pilipes* Fab. — cr, org-buc, ailes, tb, pt, org-sex, aig.
*Bombus muscorum* Fab. — cr, org-inc, ailes, tb, pt, org-sex, aig.
   »    *lapidarius* Fab. — cr, org-buc, ailes, tb, pt, org-sex, aig.
   »    *terrestris* Fab. — cr, org-buc, ailes, tb, pt, org-sex, aig.
   •    *pratorum* Fab. — cr, org-buc, ailes, tb, pt, org-sex, aig.
*Apis mellifica* Lin. — cr, md, org-buc, ailes, tb, pt, org-sex, aig.

## LÉPIDOPTÈRES.

### PAPILLONS DIURNES.

*Rhodocera Rhamni* Lin. — cr, pl, trp, pt, org-sex.
*Zygœna Alexis* Fab. — pl, trp, pt, org-sex.
   »    *Corydon* Fab. — pl, trp, pt, org-sex.
*Nemeobius lucina* Lin. — pl, trp, pt, org-sex.
*Limenitis Camilla* Fab. — car, pl, trp, pt, org-sex.
*Argynnis Niobe* Lin. — cr, pl, trp, pt, org-sex.
*Melitea dictynna* Esp. — pl, trp, pt, org-sex.
*Vanessa Atalanta* Lin. — cr, pl, trp, pt, org-sex.
*Libythea celtis* Fab. — pl, trp, pt, org-sex.
*Arge Psyche* H. — cr, pl, trp, pt, org-sex.
*Erebia blandina* Fab. — pl, trp, pt, org-sex.
*Satyrus fidia* Lin. — pl, trp, pt, org-sex.
   »    *Janira* Lin. — pl, trp, pt, org-sex.
   »    *Pasiphae* Esp. — pl, trp, pt, org-sex.
*Hesperia Actæon* Esp. — pl, trp, pt, org-sex.
*Paon de jour* (*Vanessa Io*, Latr.). — cr, pl, trp, pt, org-sex.

### CRÉPUSCULAIRES.

#### Sphinx.

*Macroglossa stellarum* Lin. — cr, trp, pt, org-sex.
*Deilephila lineata* Fab. — cr, trp, pt, org-sex.
*Sphinx Ligustri* Lin. — cr, trp, pt, org-sex.

### PAPILLONS NOCTURNES.

*Callimorpha dominula* Lin. — pl, trp, pt, org-sex.
*Liparis chrysorrhœa* Lin. — at, pl, org-sex.
*Orga pudibunda* Lin. — at, cr, pt, org-sex.
*Bombyx Cratægi* Lin. — at, cr, pt, org-sex.
   »    *Trifolii* Fab. — at, cr, pt, org-sex.
   »    *à soie* (*Bombyx Mori*, Fab.). — at, cr, pt, org-sex.

*Bombyx*, sa larve (ver à soie). — trp, ts, sig, filière, épiderme, etc.
*Plusia gamma* Lin. — tr, pt, org-sex.
*Heliothis Ononis* Fab. — trp, pt, org-sex.
*Catocala Fraxini* Lin. — cr, trp, pt, org-sex.
    »      *promissa* Fab. — cr, trp, pt, org-sex.

### ARPENTEUSES.

*Aspilates calabraria* Esp. — at, trp, pt, org-sex.
*Ligia jourdanaria* Treitschke. — at, trp, pt, org-sex.
*Anaitis plagiaria* Lin. — at, trp, pt, org-sex.

### MICROLÉPIDOPTÈRES.

*Botys urticalis* Treitschke (*Geometra urticata*, L.) — trp, pt, org-sex.
*Yponomeuta padella* Lin. — trp, ailes, pt, org-sex.
*Adela Latreillella* Dup. — trp, ailes, pt, org-sex.
*Pterophorus myctodactylus* Dup. — trp, ailes, pt, org-sex.
    »      *pentadactylus* Dup. — trp, ailes, pt, org-sex.
    »      *didactylus* Dup. — trp, ailes, pt, org-sex.

Les écailles de la poussière qui recouvre le corps des Lépidoptères offrent des caractères différents d'une espèce à l'autre, et pour une même espèce d'une région du corps à l'autre. On peut en faire des préparations dont l'étude offre un grand intérêt, tant au point de vue scientifique que sous le rapport de l'extrême élégance de ces parties. Cette remarque s'applique également aux poils des chenilles.

## DIPTÈRES.

### CULICIDES (cousin).

*Culex pipiens* ♂ Lin. — at, trp, aile, pt, larve.
    »      ♀ Lin. — at, trp, aile, pt, larve.

### CULICITIPULAIRES.

*Psychoda phalænoides.* — tête, aile.

### TERRICOLÉTIPULAIRES.

*Ctenophora pectinicornis* Meigr. — at, trp, bal, aile, pt, org-sex.
*Tipula oleracea* Lin. — at, trp, stig, bal, pt, org-sex.
*Pachyrrhina crocata* Macq. — at, trp, stig, bal, pt, org-sex.
*Limnophila picta* Macq. — tête, aile, pt, org-sex.

### FONGITIPULAIRES.

*Genus ?* — tête, aile, pt, org-sex.

### FLORITIFULAIRES.

*Dilophus vulgaris* Macq. — trp, aile, pt, org-sex.
*Bibio Marci* Macq. — at, cr, pt, org-sex.
» *Johannis* Macq. — at, trp, aile, pt, org-sex.

### BRACHOCÈRES.

#### Tabaniens.

*Tabanus bovinus* Macq. — at, cr, trp, bal, cuil, aile, pt, org-sex.
» *Morio* Macq. — at, cr, trp, stg, bal, cuil, aile, pt, org-sex.
*Hæmatopota pluvialis* Meigr. — at, cr, trp, stg, bal, cuil, aile, pt, org-sex.
*Chrysops cæcutiens* Meigr. — at, cr, trp, stg, bal, cuil, aile, pt, org-sex.

### NOTACANTHES.

*Chrysomyia formosa* Macq. — at, trp, aile, pt, org-sex.
» *polita* Macq. — at, trp, aile, pt, org-sex.

### TANYSTOMES.

*Laphria cincta* Macq. — at, cr, trp, stg, bal, aile, pt, org-sex.
*Diasema rufipes* Meigr. — at, cr, trp, stg, bal, aile, pt, org-sex.
*Asilus trigonus* Meigr. — at, cr, trp, stg, bal, aile, pt, org-sex.
» *rufimanus* Macq. — at, cr, trp, stg, bal, aile, pt, org-sex.
» *crabroniformis* Macq. — at, cr, trp, stg, bal, aile, pt, org-sex.
*Dasypogon tiaton* Macq. — at, cr, trp, stg, bal, aile, pt, org-sex.
*Empis tessellata* Meigr. — trp, aile, pt, org-sex.
*Bombylius major* Lin. — trp, pt, aile, org-sex.
*Anthrax flava* Meigr. — at, cr, trp, pt, org-sex.
» *semiatra* Macq. — cor, trp, pt, org-sex.

### BRACHYSTOMES.

*Leptis scolopacea* Macq. — trp, stg, aile, pt, org-sex.
*Atherix Ibis* Meigr. — trp, aile, pt, org-sex.
*Ceria conopsoides* Macq. — cr, trp, bal, aile, pt, org-sex.
*Aphritis mutabilis* Macq. — cr, trp, pt, org-sex.
*Chrysotoxum intermedium* Meigr. — cr, trp, pt, org-sex.
» *bicinctum* Meigr. — cr, trp, pt, org-sex.
*Rhingia rostrata* Macq. — at, cr, trp, aile, pt, org-sex.
*Volucella zonaria* Macq. — at, cr, trp, stg, bal, cuil, pt, org-sex.
» *pellucens* Macq. — at, cr, trp, stg, bal, cuil, pt, org-sex
» *inflata* Macq. — at, cr, trp, stg, bal, cuil, pt, org-sex.

*Volucella plumata* Macq. — at, cr, trp, stg, cuil, bal, aile, pt, org-sex, œuf, larve.

» *terrestris* Macq. — at, cr, trp, stg, bal, cuil, aile, pt, org-sex.
» *inanis* Macq. — at, cr, trp, stg, bal, cuil, pt, org-sex.

*Eristalis tenax* Meigr. — at, cr, trp, stg, bal, pt, org-sex.

» *intricatus* Meigr. — at, cr, trp, stg, bal, pt, org-sex.
» *sepulchralis* Meigr. — at, cr, trp, stg, bal, pt, org-sex.
» *floreus* Macq. — at, cr, trp, stg, bal, pt, org-sex.
» *arbustorum* Macq. — at, cr, trp, stg, bal, pt, org-sex.
» *nemorum*. — at, cr, trp, stg, bal, pt, org-sex.

*Merodon Narcissi* Macq. — at, cr, trp, stg, bal, pt, org-sex.
*Didea fasciata* Macq. — at, cr, trp, stg, pt, org-sex.
*Helophilus pendulus* Meigr. — at, cr, trp, stg, bal, pt, org-sex.
*Syrphus balteatus* Macq. — at, cr, trp, pt, org-sex.
*Doros ornatus* Macq. — at, cr, trp, stg, pt, org-sex.

ATHÉRICÈRES.

*Conops flavipes* Macq. — at, cr, trp, bal, aile, pt, org-sex.
» *ferruginea* Macq. — at, cr, trp, bal, aile, pt, org-sex.
» *terminata* Macq. — at, trp, pt, org-sex.
*Myopa ferruginea* Latr. — at, trp, aile, pt, org-sex.
» *buccata* Meig. — at, trp, bal, pt, org-sex.
*Echynomya grossa* Lin. — at, trp, stg, bal, aile, pt, org-sex.
» *fera* Latr. — at, trp, stg, bal, aile, pt, org-sex.
*Dexia testacea*. — at, trp, aile, pt, org-sex.
*Tachina*. — at, trp, aile, pt, org-sex.
*Phasia crassipennis* Meigr. — at, cr, trp, aile, bal, stg, pt, org-sex.
*Sarcophaga carnaria* Latr. — at, trp, stg, bal, aile, pt, org-sex.
*Lucilia Cæsar* Lin. — at, trp, stg, bal, aile, pt, org-sex.
» *fuscipalpis* Macq. — at, trp, pt, aile, org-sex.
*Calliphora vomitoria* Latr. — at, trp, stg, bal, cuil, aile, pt, org-sex.
*Curtoneura stabulans*. — at, trp, aile, pt, org-sex.
» *maculata*. — at, trp, aile, pt, org-sex.
*Musca domestica* Lin. — at, trp, aile, pt, org-sex.
*Aricia urbana*. — at, trp, aile, pt, org-sex.
*Hydrophoria testacea* Robineau. — at, trp, aile, pt, org-sex.
*Ophyra leucostoma* Macq. — at, trp, aile, pt, org-sex.
*Anthomya pluvialis* Meigr. — at, trp, aile, pt, org-sex.

ACALYPTÈRES.

*Tetanocera arrogans* Macq. — at, trp, aile, pt, org-sex.
» *elata* Fallon. — at, trp, aile, pt, org-sex.

3

*Tetanocera Hieracii* Meigr. — at, trp, aile, pt, org-sex.
*Scatophaga stercoraria* Meigr. — at, trp, aile, pt, org-sex.
»     *merdaria* Meigr. — at, trp, aile, pt, org-sex.
*Ceroxys crassipennis* Macq. — at, trp, aile, pt, org-sex.
»     *seminationis*, Macq. — at, trp, stg, bal, aile, pt, org-sex.
*Tephritis fasciata* Macq. — at, trp, aile, pt, org-sex.
*Ensina parietina* Macq. — at, trp, aile, pt, org-sex.
*Aulacigaster.* — at, trp, aile, pt, org-sex.
*Chlorops Herpinii* Herp.

## APTÈRES.

### ARACHNIDES.

#### Araignées.

*Araignée perfide* (*Segestria perfida* Walckenaer). — Mâchoire ou mandi-
    bules, les palpes, tarse et ongles.
»    *Hersilie caudée* (*Hersilia caudata* Savigny). — Bouche, mand.,
    palp., tarse, mamelons et filières.
»    *porte-croix.* — Bouch., mand., palp., yeux lisses, épiderme,
    mamelons et filières.
»    *phragmite.* — Bouche, mand., palp., yeux, pat., ongles, mame-
    lons et filières.

### PHALANGIDES.

#### Faucheurs.

Préparations de la bouche divisée, de l'épiderme, des pattes, etc., etc.

## APTÈRES DICÈRES.

### MYRIAPODES.

*Cryptops des jardins* (*Cryptops hortensis* Leach.). — Préparations de la
    tête, ant., forcipules, lèvre inférieure, anneaux ou
    segments avec les pattes.
*Scolopendre violacée* (*Scolopendra violacea* Fabr.). — Préparation
    entière ou des mêmes parties divisées.
*Lithobie à tenailles* (*Lithobius forcipatus* Gerv.). — Préparée comme
    les précédentes.
*Cermatie de Savigny* (Gervais, *Hist. nat. des insectes aptères*, Paris,
    1847, in-8, t. IV, p. 214 et pl. 41, fig. 1). — Préparée
    comme les précédentes.

## TISSUS DES CRUSTACÉS.

*Coupes minces, en travers, en long et à plat, pour étudier la structure
des diverses parties de la carapace, des membres, des mandibules, des
poils, des prolongements extérieurs, de ceux du squelette intérieur et
des dents stomacales, chez les principaux décapodes (homards, écre-
visses, langoustes, crabes, etc.)*

Ces coupes minces, faites à la manière de celles qui
servent à étudier la structure des dents, doivent être pourtant
amenées à un degré d'amincissement un peu moindre. Les
préparateurs les font en général avec les diverses parties du
squelette extérieur des principaux décapodes; mais on peut
facilement, en leur envoyant des échantillons, les faire dis-
poser comme on le désire, selon les besoins des recherches
scientifiques ou autres que l'on veut poursuivre. Voyez, du
reste, la remarque faite plus loin sur les préparations des
parties dures des Mollusques.

## TISSUS DES MOLLUSQUES.

1° Limaces, corps nu (*Limax ater* L., *Limax rufus* L., *Limax agres-
tis* L.). — 2° Mollusques conchylifères ou testacés, c'est-à-dire pourvus
de coquilles.

### PRÉPARATIONS DES TENTACULES (YEUX), ORGANES BUCCAUX, SPERMATOZOAIRES, ETC.

Escargot ou Limaçon terrestre (*Helix pomatia* L.) et autres.
Limnée des étangs (*Limnæus stagnalis* Drap.).
Patelles (*Patella vulgata* L.), etc., etc.

### PRÉPARATIONS POUR ÉTUDIER LA STRUCTURE DE LA COQUILLE DES MOLLUSQUES TESTACÉS, RÉDUITE EN SECTIONS MINCES ET TRANSPARENTES, EN TRAVERS, EN LONG ET À PLAT.

Enveloppe extérieure de la coquille.
Test proprement dit et couche interne, ou nacre et perle.
Haliotides ou oreilles de mer (*Haliotis tuberculata* L.).

Coquilles diverses des Ptéropodes, des Gastéropodes et des bivalves, en sections minces.

Préparations transparentes et opaques des diverses parties de l'os de Seiche (*Sepia officinalis* L.).

Coupes minces diverses du bec corné de la Seiche et autres Céphalopodes.

Je ne peux indiquer ici toutes les coquilles dont on peut conserver le tissu en préparations transparentes, car ce serait vouloir faire l'énumération méthodique de tous les Mollusques testacés. Il suffit de savoir que, pour une étude générale, deux ou trois préparations prises sur le test des Haliotides, des Porcelaines, des Moules et des Peignes, peuvent suffire. Mais les savants ou les amateurs qui s'occupent spécialement de malacologie en général, ou de conchyliologie en particulier, devront nécessairement se procurer une ou deux coupes de la coquille de chaque grand groupe et même des genres principaux. C'est là une étude des plus instructives et des plus indispensables à faire, même au point de vue de la classification. Cette particularité n'a point échappé aux savants, en Angleterre. Le mieux, dans le cas où l'on possède déjà quelques doubles dans une collection, est d'en envoyer à un préparateur, comme je le fais habituellement en m'adressant à M. Bourgogne, et de lui indiquer dans quel sens on désire que la coupe soit pratiquée. Ce moyen est le meilleur pour arriver à des données scientifiques positives. Dans le cas où l'on désire seulement étudier par curiosité les dispositions élégantes des parties de chaque couche, on peut s'en rapporter au goût du préparateur et lui demander le nombre de préparations qu'on désire de chaque division principale des Mollusques.

**TISSUS DES ÉCHINODERMES** (OURSINS ET ÉTOILES DE MER).

Baguettes ou épines des Oursins (*Echinus*), etc., en sections transversales et longitudinales; coupes minces de leur squelette intérieur.

*Echinus (Acrocladia) trigonaria.*
    »      »     *mamillata.*

Echinus (*Echinometra*) coronata.
»        Cidaris (lystrix).
»            »        Krohnii.
»        (Podophora) atrata.

## TISSUS DES ZOOPHYTES.

Polypiers en rameaux.
Madrépores en sections minces.
Corail en sections minces.
Éponges en filaments.

Les remarques faites ci-dessus à propos du test des Mollusques et des Crustacés s'appliquent en tout point à celui des Échinodermes et des Polypiers.

---

# PRÉPARATIONS D'ANIMAUX ENTIERS

OU OFFRANT LES ORGANES SÉPARÉS LES UNS DES AUTRES RÉUNIS DANS UNE MÊME PRÉPARATION.

## INSECTES HÉMIPTÈRES.

Genre TINGIS Fabr.
*Tingis ampliata.*
Genre ARADUS Fabr.
*Aradus depressus* Fabr. (*Piestosoma depressum* Lap.).
Genre CIMEX L.
Punaise (*Cimex lectularius* L., ou *Acanthia lectularia* Fabr.).
Genre THRIPS Linné.
Thrips du blé (*Thrips cerealium* L.).
Thrips des fleurs.

### 1° Aptères acères.

#### SCORPIONIDES.

Pince cancroïde du scorpion (*Scorpio europæus* L.).
»    acaroïde.

ACARIDES.

(Entiers ou parties divisées.)

Mite de Savigny.

Ixode égyptien ou des tortues terrestres (*Ixodes ægyptius* Audouin).

   »  de Forskael.

   »  de Linné (*Ixodes Linnæi* Aud.).

   »  de Fabricius (*Ixodes Fabricii* Aud.).

   »  de Leach (*Ixodes Leachii* Aud.).

Argus de Savigny (*Argus Savignyi* Aud.).

   »  de Fischer (*Argus Fischeri* Aud.).

   »  d'Hermann (*Argus Hermanni* Aud.).

Ptéropte de la chauve-souris murine (*Pteroptus Vespertilionis* L. Duf.).

Dermanysse de la chauve-souris pipistrelle (*Dermanyssus Pipistrellæ* Gerv.).

   »      des oiseaux (*Dermanyssus avium* Gerv.).

Uropode monnaie (*Uropoda moneta* Gerv.).

   »    végétant (*Uropoda vegetans* Dugès).

Caris de la chauve-souris pipistrelle (*Caris Vespertilionis* Latr.).

Hypope féronien (*Hypopus feroniarum* L. Duf.).

SARCOPTE.

┼ Sarcopte de la gale humaine ♂ (*Sarcoptes scabiei* Latr.).

   »       »        femelle ♀.

   »       »        à l'état de larve.

┼  »       »        à l'état de nymphe.

   »  du cheval, le mâle (*Sarcoptes equi* Hering., ou *Psoroptes equi* Gerv.).

   »  du cheval, la femelle.

   »      »   à l'état de larve.

   »  du mouton.

   »  du chien.

   »  du chat.

   »  du lapin ; le mâle.

   »      »   la femelle.

   »      »   à l'état de larve, etc., etc.

TYROGLYPHES. — Genre TYROGLYPHUS Latreille.

Tyroglyphe domestique ou Ciron du fromage (*Tyroglyphus ciro* Gerv.).

   »    allongé (*Tyroglyphus longior* Gerv.).

   »    de la farine (*Tyroglyphus farinæ* Gerv.).

Genre ORIBATE (*Oribata* Latr.).

Oribate luisant (*Oribata nitens* Langle, Gerv.).

Simonée ou Acare des follicules pileux et des kystes sébacés de la peau
humaine (*Simonea folliculorum* Gerv.).

Acare du Xylocope.

» de la mouche domestique (*Acarus muscarum* De Geer).

» de l'araignée.

» des scarabées.

» du bourdon (*Bombus terrestris* L.).

» de la taupe.

» des bibliothèques ou érudit (*Acarus eruditus* Schrank, *Cheiletus
eruditus* Latr.).


TROMBIDIES. — Genre TROMBIDIUM Latreille.


Trombidie soyeux (*Trombidium holosericeum* Hermann).

» orangé.

» coureur (*Trombidium cursorium*, ou *baystis cursorium*
Heyden).

» miliaire (*T. miliare* Gerv.).

Linopode rave (*Linopodes racus* Koch).

» des haricots verts.

Genre BDELLE (*Bdella* Latr.).

Tique rouge ou Mite rouge satinée terrestre.

Bdelle hexophthalme (*Bdella* (*Scirus*) *hexophthalmus* Gerv.).

Genre ALYCUS Koch.

A. rose (*Alycus roseus* Koch).

Genre HYDRACHNE (*Hydrachna* Dugès).

H. globule ou sanglant (*Hydrachna globulus* Hermann, ou *Hydrachna
cruenta* Müller).

Gamase, Mite ou Acare des coléoptères (*Acarus Coleoptratorum* L., *Ga-
masus* (*Carpais* Latr.) *Coleoptratorum* Gerv.).


**2° Aptères épizoïques ou Parasites suceurs.**


Pou ♂ et ♀ humain, de tête (*Pediculus capitis* De Geer).

» du corps (*Pediculus humanus corporis* De Geer, ou *P. vesti-
menti*, Nitzsch).

✝ Pou du pubis (*Pediculus inguinalis* Redi, *P. pubis* L., ou *Phthirius
pubis* Leach).

Pou ♂ et ♀ de l'âne (*Pediculus Asini* Redi, ou *Hæmatopinus Asini* Denny).

 »   du bœuf (*P. eurysternus* Nitzsch , *H. eurysternus* Denny).

 »   du chien (*P. piliferus* Burm., *H. piliferus* Denny).

 »   du chat.

 »   du porc (*P. Suis* L. , *H. Suis* Leach).

Pou ou Ricin du cochon d'Inde (*Pediculus Porcelli* Schrank , *Giropus gracilis* Nitszch).

 »   du rat ( *Pediculus spinulosus* Burm., *Hæmatopinus spinulosus* Denny).

 »   de la taupe.

Ricin de la chèvre (*Trichodectes climax* Nitszch).

 »   de l'oie ( *Liotheum conspurcatum* Nitzsch , ou *Pediculus Anseris* Sutza).

 »   du pigeon (*Liotheum turbinatum* Nitzsch).

 »   du coq (*Liotheum pallidum* Nitzsch).

   Etc., etc.

Puces ♂ et ♀ de l'homme (*Pulex irritans* L.).

 »   sa larve.

 »   ♂ et ♀ du chat (*Pulex Felis* Gerv.).

 »   sa larve.

 »   du chien (*Pulex Canis* Dugès).

 »   de lapin de garenne.

 »   sa larve.

 »   ♂ et ♀ de souris (*Pulex Musculi* Dugès).

 »   sa larve.

+ »   ♂ et ♀ de l'écureuil (*Pulex sciurorum* Gerv.).

 »   sa larve.

 »   ♂ et ♀ de belette.

 »   sa larve.

 »   ♂ et ♀ du loir.

 »   sa larve.

 »   ♂ et ♀ de musaraigne.

 »   sa larve.

   Etc., etc.

### 3° Crustacés.

Crevettes ou Chevrettes entières ou en parties écartées ou séparées, savoir:

 Crevette des ruisseaux (*Gammarus pulex* Fabr.).

  »   marine (*Gammarus marinus* Fabr.).

 Crevette alimentaire ou vulgaire (*Crangon vulgaris* Fab.).

 Crevette salicoque (*Palæmon serratus* Fabr.).

Crabes, parties divisées.
Écrevisse,    id.    (*Astacus fluviatilis* L.).
Homard,    id.    (*Astacus marinus* Fabr.).
Cyclops entier (*Cyclops quadricornis* Müller).
Cypris ou Monocle entier (*Cypris fusca* Strauss).
Binocle entier (*Binoculus piscinus* Dum.).
Etc., etc.

### 4° **Annélides.**

Préparations des organes buccaux.
Sangsue (*Hirudo medicinalis* Roi et Linné).
Lombric terrestre (*Lumbricus terrestris* L.).
Amphitrites (*Serpules, Sabelles, Térébelles*).
Naïdes vermiculaire rouge (*Nais vermicularis* Gmel.).
    »     serpentine (*N. serpentina* Gmel.).
    »     à trompe (*N. proboscidea* Gmel.).
Néréides diverses.

La plupart des petites Annélides entières, les pieds ou organes loco-
moteurs des Annélides de l'ordre des Néréides tel que l'a compris Savigny,
soit isolément, tels que les soies (*festuœ*), les acicules (*acicula*), soit entiers, ainsi que les branchies lamelleuses, sont autant de parties faciles
à conserver et à préparer ou faire préparer ; toutes sont d'une grande
élégance et surtout d'un grand intérêt scientifique pour la distinction des
espèces aux différents âges.


### 5° **Helminthes** (vers intestinaux proprement dits).

+ Ascaride de l'homme (*Ascaris lumbricoides* L.).
Ascaride ou Oxyure vermiculaire (*Ascaris vermicularis* L.).
    »    du chat (*Ascaris mystax* Rudolphi).
    »    du coq (*Ascaris inflexa* Rudolphi, et *Ascaris spicularis*
           Frœlich).
    »    du crapaud (*Ascaris acuminata* Schrank).
    »    des poumons de la grenouille et du crapaud (*Ascaris nigro-
           venosa* Rudolphi).
Cucullan de l'anguille (*Cucullanus elegans* Zeder).
Crampon de la souris.
Échinorhynque du cochon (*Echinorrhynchus gigas* Goeze).
    »    du canard (*Echinorrhynchus polymorphus* Bremser).
    »    du brochet (*Echinorrhynchus angustatus* Rudolphi).
    »    de l'anguille (*Echinorrhynchus globulosus* Rudolphi).

Anguillules ou Vibrions du vinaigre (*Anguillula aceti* Ehrenberg).
>   de la colle (*Anguillula glutinis* Ehrenb.).
>   des eaux douces (*Anguillula fluviatilis* Müller).
>   du blé carié (*A. graminearum* Diesing, ou *Rhabditis Tritici* Dujardin).

### 6° Cestoïdes.

Bothriocéphale de l'homme (*Dibothrium latum* Rudolphi, ou *Bothriocephalus latus* Bremser).
+ Tænia vulgaire de l'homme (*Tænia solium* L.).
>   du chien (*Tænia cucumerina* Bloch).
>   du chat (*Tænia elliptica* Batsch).
>   du rat (*Tænia murina* Dujardin).
>   de la souris (*Tænia microstoma* Dujardin).
>   du coq (*Tænia infundibuliformis* Gœze).

Tænia ? du brochet.
+ Echinocoques de l'homme, du bœuf, du mouton, etc. (*Echinococcus veterinorum* Rudolphi, ou *polymorphus* Diesing).

### 7° Infusoires.

Vorticelles.
+ *Volvox globator* L.
Etc., etc., etc.

---

# TABLEAU SYNOPTIQUE

DES PRÉPARATIONS LES PLUS UTILES DE POILS D'ANIMAUX APPARTENANT A DIFFÉRENTES CLASSES ET DE PLUMES DES DIFFÉRENTS ORDRES D'OISEAUX.

*Préparations types servant à reconnaître les poils employés au tissage des étoffes, à la fourrure, etc.*

Les plus épais, tels que les cheveux, crins, etc., seront préparés dans leur forme naturelle et en *sections minces*, surtout transversales, pour en étudier la structure (1).

(1) Les poils précédés d'un P peuvent faire partie des objets destinés à étudier la polarisation de la lumière. Voyez plus bas, page 59.

### Poils servant aux tissages.

Laine de France.
   »  de Russie (Elbeuf).
   »  de Saxe.
P. »  d'Allemagne.
   »  d'Espagne.
   »  d'agneau.
   »  cachemirée blanche.
Pélade du Midi.     } Maladie des poils.
   »   de Beauce.  }
P. Poils de chèvre de Barbarie.
   »   de vigogne (*Auchenia vicugnia* Illig.).
P. Soie de cocon première qualité (*Bombyx mori* Fabr.).
   »   apprêtée.
   »   en tissu de ruban, tulle, etc.

### Poils servant à la fourrure.

Poils de chevreuil (*Cervus capreolus* L.).
   »  de loup (*Canis lupus* L.).
   »  de chicaquois.
   »  du chat tigre ou serval (*Felis serval* Gmel.).
   »  du chat domestique (*Felis catus domesticus* L.).
   »  de chinchilla (*Chinchilla lanigera* Bennett).
   »  de hamster (*Cricetus vulgaris* Desm.).
   »  d'hermine (*Mustela herminea* L.).
   »  de fouine (*Mustela foina* Brisson).
   »  de martre zibeline (*Mustela zibellina* L.).
   »  de martre d'Éthiopie.
   »  de martre du Canada ou pékan (*Mustela Canadensis* L.).
   »  du petit-gris (*Sciurus cinereus* ou *Carolinensis* L.).
   »  de putois (*Mustela putorius* L.)
   »  de rat musqué (*Myogalea* (*Mygale*) *moschata* Fischer).
   »  de renard argenté (*Canis argentatus* Pennant).
   »  de renard du Canada ou tricolore (*Canis cinereo-argenteus*
            Schreber).
   »  de renard turc (*Canis corsac* Pallas).
   »  de renard de Virginie (*Canis Virginianus* Catesby).
   »  de lièvre (*Lepus timidus* L.).
   »  de lapin (*Lepus cuniculus* L.).
   »  de vison (*Mustela vison* L.). Etc., etc.

Cheveux, crins et autres poils de Mammifères et d'Insectes divers dont
il serait trop long de donner les noms, car chaque espèce peut
servir à faire soi-même, ou à faire faire plusieurs préparations
selon les régions du corps.

Cheveux blonds.
 » châtains.
 » rouges,
 » noirs.
P. » blancs.
P. » mélangés.
Poils de barbe, etc.
P. Crins de cheval blanc (*Equus caballus* L.).
 » d'âne (*Equus asinus* L.).
P. Soie de porc (*Sus scropha* L.).
Piquant du porc-épic (*Hystrix cristata* L.).
 » de hérisson (*Erinaceus europæus* L.).
P. Poils d'ours marin (*Ursus maritimus* L.).
P. » d'ours gris (*Ursus americanus* L.).
 » d'ours brun (*Ursus arctos* L.).
 » du tigre (*Felis tigris* L.).
P. » de singes divers.
 » de cochon d'Inde (cobaye) (*Cavia aperea* Erxleben, var. *porcellus*).
 » de taupe (*Talpa europæa* L.).
 » de souris (*Mus musculus* L.).
 » de chauves-souris de diverses espèces.
 » de musaraigne (*Sorex araneus* L.).


*Préparations des plumes et de leurs dépendances, dont chacune peut*
*être répétée dans les six ordres de la classe des Oiseaux.*


1° Coupes minces du *tuyau* ou *tube corné* de la plume.

2° Tissu de la *moelle du tuyau* ou *âme de la plume*.

3° Coupes minces de la *tige* pour en étudier la *surface cornée* et la
*moelle blanche* spongieuse.

4° Préparations des *barbes*, des *barbules* et de leurs *crochets* microscopiques.

5° Barbes et barbules sans crochets recourbés, des plumes des Rapaces
nocturnes.

6° Plumes entières ou parties de plumes du duvet, avec leurs barbes et
barbules soyeuses.

7° Plumes à deux tiges des *petites plumes des Oiseaux rapaces* et des
Casoars.

8° Petites plumes sans barbules ou fibits du voisinage des cires (Rapaces) et des narines.

9° Poils du bouquet thoracique du dindon (*Meleagris gallo-pava* L. et Gmelin).

### Poils d'Articulés

† Poils du Pollyxène lagure (*Pollyxenus lagurus* Latreille, *Scolopendra lagurus* L.)

»   d'une larve d'anthrène destructeur (*Anthrenus musœorum* Fabr.).
»   du *Xylocopa violacea* Fabr.
»   du bourdon (*Bombus terrestris* L.).
»   de chenilles diverses et de plusieurs espèces d'Insectes.
»   d'araignées diverses, etc., etc., etc.

On a vu plus haut (page 51) que les écailles des Papillons peuvent servir à faire des préparations très instructives, soit anatomiquement ou physiologiquement, soit comme servant de test-objet; il faut les prendre sur des espèces diverses, en les détachant de différents points du corps, d'une manière comparative, soit aux diverses phases du développement, à partir du moment de l'éclosion, soit surtout avant l'éclosion même.

Cette remarque s'applique également aux poils des Chenilles et de beaucoup d'Insectes.

---

# TABLEAUX SYNOPTIQUES RELATIFS À LA BOTANIQUE.

Les tissus végétaux se préparent surtout en faisant des coupes transversales ou longitudinales aussi minces que possible. Pour l'épiderme, il suffit de l'inciser et d'en déchirer un lambeau. Souvent on entraîne en même temps quelques cellules sous-jacentes ordinairement assez isolées pour en permettre une étude très facile. Ces cellules renferment souvent un noyau qu'il est très important d'étudier; c'est surtout sur les écailles du bulbe des liliacées qu'on trouve facilement des cellules à noyau. Pour étudier les trachées, les vaisseaux ponctués, il suffit ordinairement d'une coupe longitudinale ou de déchirer en long les faisceaux vasculaires du centre d'un pétiole, d'une nervure de feuille ou d'une tige herbacée. Les grains de pollen sont faciles à préparer ; il suffit de secouer les étamines sur la plaque porte-objet et de recouvrir d'une lame de verre ; on ajoute ensuite une goutte d'eau dont on étudie l'action sur ces corpuscules. Pour bien voir le noyau pollinique, il faut racler le pollen qui est tombé à la surface du stigmate ; quelquefois, en déchirant cet organe dans le sens de la longueur, on peut voir le boyau pollinique implanté entre les cellules de son tissu central ou conducteur. Toutes les préparations de tissu végétal doivent être imprégnées d'eau pure, ou bien d'eau sucrée, ou de glycérine, quand on veut préserver les grains de pollen de l'action de l'eau.

On est souvent porté à croire qu'un couteau formé de deux lames susceptibles d'être rapprochées à l'aide d'une vis doit être très utile pour faire les coupes de ce genre. Cependant cet instrument a rarement les avantages qu'on en attend ; le plus souvent on parvient à faire ces coupes beaucoup mieux avec un rasoir ou un scalpel très tranchant qu'avec ce couteau.

Les grains de poussière restant quelquefois adhérents aux préparations, quoi qu'on puisse faire, sont utiles à connaître. Ce sont le plus souvent des corpuscules irréguliers de nature minérale, ou de nature organique, ou indéterminés.

Les poussières organiques sont souvent des brins de fils de chanvre, de coton, de soie ou de laine qui se détachent des vêtements et tombent dans les substances qu'on examine.

Les filaments de lin et de chanvre sont allongés, cylindriques ou à peu près, montrant un canal central plus ou moins distinct, contenant souvent une fine poussière. D'espace en espace se voient des nœuds ou cloisons qui sont le résultat de la soudure bout à bout des cellules allongées qui constituent ces filaments et leur donnent un cachet particulier.

Les brins de coton ne diffèrent des précédents que par plus de transparence due à ce qu'ils sont plus aplatis et rubanés ; ils sont en outre tordus sur eux-mêmes, ce qui les fait paraître plus étroits d'espace en espace et les rend faciles à distinguer des brins de chanvre.

Les filaments de soie, de laine, les différentes sortes de poils qui se trouvent dans les poussières sont cylindriques et manquent des cloisons signalées dans les précédents ; ils sont moins transparents qu'eux, lors même que ces derniers sont teints, et s'en distinguent assez facilement lorsqu'on a vu les uns et les autres. Il faut, par conséquent, les examiner comparativement afin de pouvoir les reconnaître.

Il est important d'étudier sous tous les rapports, en commençant, les grains de pollen, les poils du duvet de beaucoup de végétaux, les filaments et les spores des moisissures, des algues microscopiques, etc. Cela importe, d'une part à cause de leur simplicité, de la facilité de leur étude et de la netteté de leurs caractères ; d'autre part parce que très souvent ces objets se rencontrent dans les poussières, ou se développent dans les liquides qu'on veut étudier, surtout lorsqu'ils sont albumineux, ou enfin, dans ceux dont on imbibe la préparation, lorsqu'on n'a pas soin de prendre de l'eau pure.

### Anatomie et physiologie des plantes.

1° CORPS CONTENUS DANS LES CELLULES, ÉCHANTILLONS NATURELS, FÉCULES ET FARINES SERVANT AUX ALIMENTS DE L'HOMME, ET DE POINTS DE COMPARAISON DANS LES CAS DE FRAUDES COMMERCIALES.

Fécule d'arrow-root (*Maranta indica* L. et *M. arundinacea* L.).
    »     d'avoine (*Avena sativa* L.).
    »     de châtaigne (*Castanea vesca* Gærtner).
    »     de dextrine.
    »     de fève (*Faba vulgaris* Miller).
    »     de froment (*Triticum vulgare* Villars).
    »     de haricot (*Phaseolus vulgaris* L.).
    »     de *Limodorum Tankervilliæ* Aiton (*Phajus grandifolius* Loureiro).
    »     de maïs (*Zea mays* L.).
    »     de marron d'Inde (*Æsculus Hippocastanum* L.).
    »     de lentille (*Ervum Lens* L., ou *Lens esculenta* Mœnch).

Fécule d'orge (*Hordeum vulgare* L.).
»   d'*Oxalis crenata* Jacquin.
»   de patate (*Batatas edulis* Choisy).
»   de pois (*Pisum sativum* L.).
»   de pomme de terre (*Solanum tuberosum* L.).
»   de riz (*Oriza sativa* L.).
»   de seigle (*Secale cereale* L.).
»   de capucine (*Tropæolum majus* L.).
Cellules de farine de cacao (*Theobroma cacao* L.).
»   de café (*Coffea arabica* L.).
»   de chicorée (*Cichorium Intybus* L.).
»   de poivre (*Piper nigrum* L.).
»   de sagou (*Sagus farinacea* Rumphius.)
»   de sarrasin (*Polygonum Fagopyrum* L.).
»   de tapioka (*Jatropha Manihot* L.). Etc., etc.


## 2° PARENCHYMES.

1° La moelle de sureau (*Sambucus nigra* L.).
2° Tissu étoilé de sparganium (*Sparganium ramosum* Smith. et de *Juncus effusus* L.), etc.


## 3° FEUILLES ; ÉPIDERME ET LES ORGANES QUI LUI SONT ANNEXÉS, TELS QUE LES NOMBREUSES VARIÉTÉS DE POILS ET DE STOMATES, TROP LONGUES A ÉNUMÉRER, MAIS D'UNE GRANDE UTILITÉ POUR L'ÉTUDE.

### *Dissections de feuilles diverses.*

La feuille de buis (*Buxus sempervirens* L.), divisée en trois couches : 1° épiderme supérieur, 2° nervures et parenchyme, ou mésophylle, 3° épiderme inférieur, celle-ci montrant les stomates ; la seconde, les nervures, trachées et parenchyme ; et la première, les réseaux formés par les lignes de contact des cellules épaisses.

Écailles ou poils d'*Elæagnus sativa*.
»   »   *reflexa* Decaisne.
»   »   *angustifolia* Linné (Olivier de Bohême).
»   »   *flava.*
»   de *Styrax officinale* L.
»   d'*Heritiera littoralis* Aiton.
»   de *Lagunæa squamea* Ventenat (*Hibiscus Patersonius* Aiton).
»   de *Viburnum lantana* L.
»   de *Cistus albidus* L. (*Cistus vulgaris* Spach).

*Capparis longifolia* Swartz.
   »       *saligna* Wahlberg.
*Hippophae rhamnoides* L.
*Croton tinctorium* L. (*Crozophora tinctoria* Jussieu).
Poils de *Pittosporum revolutum* De Candolle.
   »   des orties (*Urtica urens* L.). Etc., etc.


4° FIBRES LIGNEUSES, BOIS, TIGES, RAMEAUX ET RACINES.


La tige se coupe en trois directions : coupe horizontale, tangentielle et diamétrale.


Alisier de Fontainebleau (*Cratægus latifolia* Pers.)
   »     commun (*Cratægus torminalis* L., *Pyrus torminalis* Ehren-
         berg).
Acacia (*Robinia pseudo-acacia* L.).
Amandier Géorgie (*Amygdalus georgica* Desfontaine, *A. nana* L.).
Angélique épineuse (*Aralia spinosa* L.).
*Amorpha glabra* Desfontaines.
Aristoloche (*Aristolochia pubera* Robert Brown).
Aune (*Alnus glutinosa* L.).
*Anona glabra* L.
Abricotier de Sibérie (*Prunus sibirica* L., ou *Armeniaca sibirica*
      Pers.).
Acajou (*Swietenia Mahogoni* L.).
Buis en arbre (*Buxus arborescens* Miller, *B. sempervirens* L.).
   »  à bordure (*B. sempervirens* L., *B. suffruticosa* Lamk.).
Bourreau des arbres (*Celastrus scandens* L.).
Baguenaudier (*Colutea media* Willdenow).
Bourgène (*Rhamnus hybridus* Héritier).
Bouleau (*Betula alba* L.).
Bruyère (*Erica vulgaris* L., *Calluna vulgaris* Salisbury).
Cèdre du Liban (*Cedrus Libani* London, *Pinus cedrus* Linné, *Larix
      cedrus* Miller).
Cornouiller à fruit (*Cornus mas* L.).
Cytise des Alpes (*Cytisus alpinus* Miller).
Chèvrefeuille (*Lonicera caprifolium* L.).
Chêne des forêts (*Quercus robur* L.).
Bois du Canada (*Menispermum canadense* L.).
Charme houblon (*Carpinus ostrya* L., *Ostrya vulgaris* Willdenow).
Coronille du jardinier (*Coronilla emerus* L.).
Érable champêtre (*Acer campestre* L.).

Épine-vinette de Chine (*Berberis cretica* L.).

*Epicea*, faux sapin du Nord, arbre à poix (*Pinus abies* L., *Abies excelsa* Poiret).

Fusain pourpre (*Evonymus atro-purpureus* Jacquin).

» d'Europe (*Evonymus europæus* L.).

Faux ébénier (*Cytisus laburnum* L.).

Faux indigo (*Amorpha fruticosa* L.).

Faux acacia (*Robinia pseudo-acacia* L.).

Févier de la Chine (*Gleditschia sinensis* Lamk.).

Fleur de la Passion (*Passiflora lutea* L.).

Frêne commun (*Fraxinus excelsior* L.).

Groseillier (*Ribes rubrum* L.).

Genêt (*Genista scoparia* L.).

Hêtre commun (*Fagus sylvatica* L.).

*Hippophae rhamnoides* L.

Houx (*Ilex europæus* L.).

If (*Taxus baccata* L.).

Jasmin de Virginie (liane d'Amérique).

Jonc, coupe horizontale.

Lilas de Perse (*Syringa persica* L.).

Laurier odorant (*Laurus sassafras* L.).

Micocoulier d'Occident (*Celtis occidentalis* L.).

Mûrier blanc (*Morus alba* L.).

Mélèze d'Europe (*Larix europæa* L.).

Marronnier d'Inde (*Æsculus hippocastanum* L.).

Néflier (*Mespilus germanica* L.).

Noyer (*Juglans regia* L.).

Noisetier (*Corylus avellana* L.).

Orme champêtre (*Ulmus campestris* L.).

Osier (*Salix viminalis* L.).

Olivier (*Olea fragrans* L.).

*Pavia rubra* Lamarck.

Paille de blé, coupe horizontale (*Triticum vulgare* Villars).

» de seigle, id. (*Secale cereale* L.).

» d'orge, id. (*Hordeum vulgare* L.).

» d'avoine, id. (*Avena sativa* L.).

Poirier (*Pyrus communis* L.).

Peuplier (*Populus dilatata* Aiton, ou *P. italica* Durol).

Prunier (*Prunus domestica* L.).

Pin mugho (*Pinus mughus* Jacquin).

Pavia à épis (*Æsculus macrostachya* Michaux).

Plaqueminier d'Italie (*Diospyros lotus* L.).

Potentille frutescente (*Potentilla fruticosa* L.).

Pommier (*Pyrus malus* L.).
*Ribes petræum* Jacquin.
Rosier églantier (*Rosa eglanteria* L.).
Sapin (*Pinus abies* L.).
Vigne (*Vitis vinifera* L.).
Viorne (*Viburnum lantana* L.).


5° PRÉPARATIONS MORPHOLOGIQUES (ANTHÈRES ET POLLEN).


Liseron (*Convolvulus arvensis* L.).
Pourpier (*Portulaca oleracea* L.).
Valériane rouge (*Centranthus ruber* De Candolle).
Belle-de-nuit (*Mirabilis jalapa* L.).
Rose trémière (*Althæa rosea* Cavanille, ou *Alcea rosea* L.).
Mauve cultivée (*Althæa officinalis* L.).
*Cobæa scandens* L.
*Pélargoniums* de diverses espèces.
*Passiflora cærulea* L.
*Ipomæa purpuræa* Lamarck.
Jasmin (*Jasminum officinale* L.).
Hélianthe (*Helianthus annuus* L.).
Iris de diverses espèces.
Onoporde (*Onopordon acanthium* L.).
*Plumbago zeylanica* L.
Cupidone (*Catananche cærulea* L.).
Dahlia (*Dahlia variabilis* Desfontaines).
Réséda (*Reseda odorata* L.).
Pollens des Cucurbitacées.
Pollens des Pins, Mélèzes, Ifs et autres Conifères.
Pollens solides d'Asclépiadées.
Pollens solides d'Orchidées.
Fougère, sa fructification (*Pteris aquilina* L.).
Spores de Fougères diverses, etc., etc.
Prothalliums ou proembryons de Fougères avec leurs archégones,
    leurs anthéridies et leurs spermatozoïdes.

Préparations de la chair des fruits, des bourgeons, des embryons de
graminées, en sections minces ou entiers, selon leur nature.

Coupes minces d'*ivoire végétal* (*Phytelephas macrocarpa* Ruiz et
Pavon), des *noyaux de dattes* (*Phœnix dactylifera* L.), des *noix de
coco* (*Cocos nucifera* L.), de la coque des diverses noix, des noyaux et
du *testa* de plusieurs espèces de graines.

6° PRODUITS TECHNIQUES DES VÉGÉTAUX USITÉS POUR LE TISSAGE DES ÉTOFFES USUELLES, ETC., DISPOSÉS EN PRÉPARATIONS SERVANT DE TYPES POUR LA COMPARAISON DES TISSUS EN CAS DE FRAUDES COMMERCIALES.

Chanvre peigné (*Cannabis sativa* L.).
Lin peigné (*Linum usitatissimum* L.).
Fils de chanvre écru.
Fils de lin écru.
» de chanvre lessivé.
» de lin lessivé.
Toile de batiste tissée, effilée aux extrémités.
» de chanvre, id.
Coton Géorgie (*Gossypium micranthum* ? Cavanilles.)
» Louisiane (*Gossypium arboreum* L.).
Percale tissée et effilée.
Produits divers des ananas (*Ananas sativus* Miller, *Bromelia ananas* L.).

## CRYPTOGAMES.

### BOTANIQUE SYSTÉMATIQUE.

#### 1. MOUSSES.

*Bryum heteromallum* L. (*Dicranum heteromallum* Hedwig).
*Hypnum Tamarisci* Swartz (*Hookeria tamariscina* Smith).
*Hypnum prælongum* L.
» *abietinum* L.
*Mnium cuspidatum* Hoffmann (*Bryum cuspidatum* Schreber).
*Fissidens bryoides* Hedwig.
» *taxifolius* Hedwig.
*Sphagnum obtusifolium* Hoffmann, ou *cymbifolium* Ehrenberg, Hedwig.
*Sphagnum plumosum* Nees et Hornschuch, ou *cuspidatum* Ehrenberg et Hoffmann.

*Sphagnum capillifolium* Hedwig.
» *latifolium* Hedwig.

#### 2. HÉPATIQUES.

*Alicularia scalaris* Corda (*Jungermania scalaris* Schrad).
*Aneura multifida.*
» *pennatifida.*
» *pinguis* Dumortier (*Jungermannia pinguis* L.).
*Blasia pusilla* L.
*Calypogeia Trichomanis* Raddi.
*Frullania* (Raddi) *dilatata.*
» *Tamarisci.*
*Jungermannia albicans* L.
» *attenuata.*
» *bicuspidata* L.
» *connivens* Dickson.
» *inflata* Huds.
» *intermedia.*

*Jungermannia obtusifolia* Hooker.

» *ventricosa* Dikson.

*Lepidozia reptans.*

*Lophocolea bidentata.*

*Mastigobryum trilobatum* N. ab E.

*Pellia epiphylla* Raddi (*Jungermania epiphylla* L., Hedwig).

*Plagiochilia asplenioides* Montagne et N. d'Es. (*Jungermania asplenoides* L.).

*Ptilidium ciliare* N. ab E. (*Jungermania ciliaris* L.).

*Scapania compacta.*

*Scapania nemorosa* Dumortier (*Jungermania nemorosa* L.).

*Scapania undulata.*

*Trichocolea Tomentella* Dumortier (*Jungermania Tomentella* Ehrhart).

### 3. CHAMPIGNONS MICROSCOPIQUES ET AUTRES.

*Puccinia caryophyllacearum* Desmazières.

*Puccinia recondita* Robineau.

*Achorion Schœnleinii* Remak, ou Champignon qui cause la teigne.

*Oidium monilioides* Fries.

*Oidium Tuckeri*, ou Champignon de la maladie de la vigne.

*Oidium* du petit trèfle.

*Peronospora effusa* Desmazières.

*Polycystis ranunculacearum* Desmazières.

*Ustilago longissima* Tulasne.

*Uncinula adunca* Léveillé.

» *bicornis.*

*Microsphœra Dubyi* Léveillé.

» *penicillata* Léveillé.

*Erysiphe tortilis* Léveillé.

*Phragmidium mucronatum* Lamk.

*Botrytis* de la pomme de terre.

Blé carié, ou carie, nielle, brûlure, broussure, moucheture ou charbon du blé (*Tilletia caries* Tulasne; *Ustilago frumenti* Aud. Planero; *Uredo decipiens* Strauss; *Uredo (Ustilago) segetum decipiens* Persoon; *Uredo caries* DC.; *Uredo sitophila* Dittmar; *Erysibe fœtida* et *E. spherococca* Wallroth).

Nielle proprement dite du blé (Duhamel), ou blé, orge et avoine niellés ou charbonnés (*Ustilago* et *robigo* de Pline; *Ustilago carbo* Tulasne; *Reticularia ustilago* L.; *Ustilago segetum* Dittmar; *Uredo (Ustilago) segetum* Persoon; *Erysibe vera* Wallroth; *Uredo carbo* DC.).

Charbon du maïs (*Ustilago Maydis* Corda; *Uredo Maydis* DC.; *Ustilago Zeœ* Unger).

Parties diverses du *Cordyceps* (*Cordyliceps* ou *Claviceps*) *purpurea* Fries, ergot de seigle ou seigle ergoté des auteurs (Tulasne) :

1° Stroma du *Cordyceps*, ou ergot proprement dit (*Spermedia clavus* Fries, *Sclerotium clavus* De Candolle, *Hypnenula clavus* Corda, *Onygena cœspitosa* Mérat, *Nosocaria* Fée).

2° Parties diverses de la portion complexe, caduque, placée au sommet de l'ergot et principalement formée de conidies agglutinant les anthères et les stigmates de la fleur de seigle : elle est dite *Ergotætia* Queckett, *Sacculus* Fée, *Sphacelia segetum* Léveillé.

Tissu du pédicule des champignons à chapeau (*Basidiosporés*) et autres.

Tissu du chapeau ou réceptacle (lames et tubes) des mêmes, et spores d'espèces diverses.

Paraphyses, thèques et spores des champignons thécasporés.

Coupes minces des lichens.

### ALGUES BRUNES ET VERTES.

*Ectocarpus fasciculatus.*
»　　*sphærophorus.*
»　　*granulosus.*
*Ectocarpus littoralis* Lyngbie, ou *Ceramium littorale* Agardh.
*Enteromorpha clathrata.*
*Tilopteris Mertensii.*
*Bryopsis plumosa* Agardh.

### ALGUES ROUGES.

*Callithamnium plumula* Lyng.
*Callithamnium roseum* Lyngbie.
»　　*corymbosum* Lyngbie.
»　　*gracillimum.*
»　　*granulatum.*
»　　*polyspermum.*
»　　*virgulatum.*
»　　*tetragonum.*
»　　*byssoideum.*
»　　*Borreri.*
»　　*Tourneri.*
*Ceramium diaphanum* Roth.
»　　*echionotum.*
»　　*acanthonotum.*
»　　*ciliatum* Ducluzeau.
*Ceramium rubrum* Agardh, ou *C. virgatum* Roth.

*Griffithsia corallina* Agardh, ou *Callithamnium corallinum* Lyngbie.
*Griffithsia setacea* Agardh.
*Ptilota plumosa* Agardh.
»　　*elegans.*
*Dasya coccinea* Agardh.
»　　*arbuscula.*
*Spiridia filamentosa.*
*Plocamium vulgare* Lamouroux, ou *Delesseria plocamium* Agardh.
*Helminthora* (Fries) ou *Mesogloia* (Agardh) *divaricata.*
*Delesseria hypoglossum* Lamouroux.
*Delesseria alata*, Lamouroux.
*Wrangelia multifida*, Agardh.
*Chylocladia* (Greville), ou *Lomentaria* (Lyngbie) *squarrosa.*
*Bonnemaisonia asparagoides* Ag.
*Sphacelaria scoparia* Lyngbie.
*Corinospora pedicellata.*
*Rytiphlea fruticulosa* Agardh.
*Calotrix confervicola* Agardh.
*Gigartina dasyphylla* Lamouroux.
*Laurentia cæspitosa* Lamouroux.
*Gigartina tenuissima* Lamouroux.
*Myriocladia.*
*Spiridia filamentosa* Harvey, ou *Ceramium filamentosum* Ag.
*Naccaria Wigghii* Endlicher, ou *Chætospora Wigghii* Agardh.
*Sphærococcus coronopifolius*, Ag. ou *Gelidium coronopifolium* Lamouroux.
*Polysiphonia* (Greville) *elongata* De Candolle.
*Polysiphonia byssoides* D.C.
»　　*fibrillosa* Mertens.
»　　*pennata* Roth.
»　　*fastigiata* Roth.

## ALGUES DIATOMÉES, MARINES ET D'EAUX DOUCES (1).

Epithemia sorex Kützing.
» zebra Kg.
» turgida Kg.
Epithemia alpestris Kg.
» gibba Kg.
* » constricta Bréb.
Himantidium pectinale Kg.
» minus Kg.
» gracile Ehrenberg.
» tetraodon Brébisson.
» denticulatum.
Meridion circulare Ag.
» constrictum Ralfs.
Denticulata tenuis Kg.
» frigida Kg.
Fragilaria capucina Desm.
» virescens Ralfs.
* Grammatonema striatulum Ag.
Diatoma pectinale Kg.
* » hyalinum Kg.
» vulgare Bory.
* » Ehrenbergii Kg.
Nitzschia sigmoidea W. Sm.
* » sigma W. Sm.
» linearis W. Sm.
* » lanceolata W. Sm.
» dubia W. Sm.
Ceratoneis acicularis Bréb.
» gracilis Bréb.
* » fasciola Ehrenb.
* » closterium Ehrenb.
Cyclotella operculata Kg.
» rectangula Bréb.
» kutzingiana Thwait.
* Melosira salina Kg.
» varians Ag.

Melosira ochracea Kg.
» crenulata Kg.
» arenaria Moore.
Campylodiscus clypeus Ehrenb.
» spiralis W. Sm.
* » Ralfsii W. Sm.
Cymatopleura apiculata W. Sm.
» elliptica W. Sm.
Surirella biseriata Bréb.
* » lata W. Sm.
* » fastuosa Ehrenb.
» splendida Kg.
* » striatula Turp.
* » gemma Ehrenb.
» ovata Kg.
» pinnata W. Sm.
» angusta Kg.
» minuta Bréb.
* Bacillaria paradoxa Gmelin.
Synedra palea Kg.
» tenuissima Kg.
» lunaris Ehrenb.
» ulna Ehrenb.
» vitrea Kg.
» splendens Kg.
» biceps Kg.
» capitata Ehrenb.
» pulchella Kg.
* » affinis Kg.
Coccaneis pediculus Kg.
» placentula Ehrenb.
* » scutellum Ehrenb.
* » Grevillii W. Sm.
Achnanthidium lanceolatum Kg.
Achnanthes exilis Kg.
* » salina Kg.

(1) Les espèces marines et des eaux saumâtres sont précédées par un astérisque (*).

* *Achnanthes longipes* Kützing.
*Cymbella gastroides* Kg.
  »    *maculata* Kg.
  »    *affinis* Kg.
  »    *gracilis* Kg.
  »    *ventricosa* Bréb.
*Cocconema cymbiforme* Ehrenb.
  »    *lanceolatum* Ehrenb.
*Gomphonema olivaceum* Kg.
  »    *constrictum* Ehrenb.
*Navicula serians* Kg.
  »    *rhomboides* Ehrenb.
  »    *microstoma* Kg.
  »    *Brebissonii* Kg.
  »    *cuspidata* Kg.
  »    *ambigua* W. Sm.
  »    *lanceolata* Kg.
  »    *cryptocephala* Kg.
* *Navicula veneta* Kg.
  »    *amphisbæna* Bory.
  »    *sphærophora* Kg.
*  »    *tumida* Bréb.
  »    *acrosphæria* Kg.
  »    *viridis* Kg.
  »    *major* Kg.
  »    *lata* Bréb.
* *Navicula didyma* Kg.
*  »    *pandura* Brébisson.
  »    *crassinervia* Bréb.
  »    *viridula* Kg.
* *Pleurosigma scalprum* Bréb.
*  »    *angulatum* W. Sm.
+ *  »    *formosum* W. Sm.
+ *  »    *fasciola* W. Sm.
*  »    *littorale* W. Sm.
*  »    *æstuarii* W. Sm.
*  »    *balticum* W. Sm.
+  »    *acuminatum* Ehrenb.
  »    *attenuatum* W. Sm.
  »    *lacustre* W. Sm.

*Pleurosigma lamprocampum* Bréb.
+ *  »    *Spencerii* Bailey.
*Amphipleura pellucida* Kg.
*  »    *danica* Kg.
*  »    *inflexa* Bréb.
*Stauroneis phœnicenteron* Ehrenberg.
*Stauroneis lanceolata* Kg.
* *Amphiprora alata* Kg.
*Amphora ovalis* Kg.
*  »    *hyalina* Kg.
*  »    *ostearia* Bréb.
*Colletonema neglectum* W. Sm.
* *Podosphænia gracilis* Kg.
*  »    *Lyngbyei* Kg.
* *Rhipidophora paradoxa* Kg.
*  »    *dalmatica* Kg.
* *Limnophora flabellata* Kg.
*  »    *splendida* Kg.
* *Striatella unipunctata* Ag.
* *Rhabdonema arcuatum* Kg.
*Tabellaria flocculosa* Kg.
  »    *ventricosa* Kg.
  »    *fenestrata* Kg.
* *Grammatophora marina* Kg.
*  »    *serpentina* Kg.
+ *  »    *subtilissima* Bailey.
* *Coscinodiscus radiatus* Ehrenb.
*  »    *excentricus* Ehrenb.
* *Actinocyclus undulatus* Kg.
*Amphitetras antediluviana* Ehrenberg.
* *Eupodiscus fulvus* W. Sm.
*  »    *Ralfsii* W. Sm.
* *Isthmia enervis* Ehrenberg.
*Biddulphia pulchella* Gray.
*  »    *quinquelocularis.*
+ * *Triceratium favus* Ehrenb.
+ * *Arachnodiscus japonicus* Ehrenberg.

### GUANOS DIVERS (1).

1. Guano d'Ichaboe.
2. » de l'Île Bourbon.
3. » de Montevideo.
4. Guano du Pérou.
5. » de Saldana.
6. » de Bolivie.

### ALGUES DESMIDIÉES.

*Hyalotheca dissiens* Sm.
» *mucosa* Mert.
*Didymoprium Grevillii* Kg.
*Desmidium Swartzii* Ag.
*Micrasteria denticulata* Bréb.
» *rotata* Grév.
*Euastrum verrucosum* Ehrenb.
» *circulare* Vass.
*Cosmarium cucumis* Corda.
» *pyramidatum* Bréb.
» *tetraophthalmum* Kg.
» *botrytis* Bory.
» *margaritiferum* Turp.
» *Brebissonii* Meneg.
» *biretum* Bréb.
» *commissurale* Bréb.
» *curtum* Bréb.

*Cosmarium præmorsum* Bréb.
*Xanthidium armatum* Bréb.
» *Brebissonii* Meneg.
*Staurastrum dejectum* Bréb.
» *cuspidatum* Bréb.
» *muricatum* Bréb.
» *punctulatum* Bréb.
» *dilatatum* Bréb.
» *cyrtocerum* Bréb.
*Tetmemorus Brebissonii* Meneg.
» *granulatus* Bréb.
*Penium digitus* Ehrenb.
» *Brebissonii* Meneg.
*Docidium nodulosus* Bréb.
» *baculum* Bréb.
» *clavatum* Kg.
*Closterium lanceolatum* Kg.
» *Ehrenbergii* Meneg.
» *Leibleinii* Kg.
» *Diana* Ehrenb.
» *didymotocum* Corda.
» *Baillyanum* Bréb.
» *striolatum* Ehrenb.
» *lineatum* Ehrenb.
» *rostratum* Ehrenb.
» *acutum* Lyngb.
*Spirotænia condensata* Bréb.
» *obscura* Ralfs.

(1) Les six espèces de guanos dont je donne la liste contiennent des variétés très nombreuses de Diatomées les plus belles, dont la plupart appartiennent aux genres *Coscinodiscus, Campylodiscus, Arachnodiscus, Eupodiscus, Triceratium*, etc., etc. Plusieurs de ces espèces semblaient être tout à fait étrangères à nos mers, ou ne plus exister qu'à l'état fossile.

Lorsqu'en 1853, M. G. Thuret, herborisant avec le docteur Barnet sur les rochers sous-marins du Hommet du littoral de Cherbourg, découvrit les mêmes espèces parmi du sable vaseux, attachées aux touffes de *Lyngbya majuscula*, il fit part de cette précieuse découverte à M. de Brébisson, qui, après un examen sérieux, reconnut plus de cent espèces rares ou peu connues, dont huit à dix nouvelles. Il les a dessinées et en fit l'objet d'une notice qu'il publia l'an dernier. M. Thuret a donné à M. Bourgogne une partie du résidu de cette récolte qu'il avait obtenu par des lavages, avec lequel ce dernier a fait des préparations très riches et pleines d'intérêt.

*Ankistrodesmus sulcatus* Corda.
*Scenedesmus quadricauda* Turp.
    »    *acutus* Meger.
    »    *obtusus* Meger.

## PRÉPARATIONS PALÉONTOLOGIQUES.

### INFUSOIRES FOSSILES.

Brique flottante fossile.
*Campylodiscus clypeus* Ehrenb.
*Diatoma grande.*
*Navicula Amicii.*
Polirschieffer (Desseau).
Terre de Richmond (Amérique).
Tripoli siliceux blanc d'Italie.
    » de Lunebourg.
Tripoli de Bohème.
Sable doré d'Angleterre.
Silice gélatineuse d'Auvergne.
Fossiles de Stanower.
    » de Rhode-Island.
    » des Bermudes.
    » de Wespoint (New-York).
    » de Sicile.
    » de Cassel en Toscane.
    » de Very, à Oberrohe.

Fossiles de Jorhaba (Munquary).
    » de Saint-Jiora (Juscany).
    » de Jhiergarben (Berlin).
    » Franzens (Bohème).
    » de Bilin (Bohème).
    » de Leicester (Angleterre).
    » de Saint-Michel Azoremi.
† » de l'île de Barbadoue.

### AUTRES MATIÈRES ANIMALES ET VÉGÉTALES FOSSILES.

† Bélemnites.
† Figue pétrifiée, figue marine ou de mer, fossile (*Alcyonium ficus*, Lamarck).
† Bois de mélèze, fossile.
†  » de palmier, n° 1, fossile.
†  »  » n° 2.
†  »  » n° 3.
†  » fossile d'Autun.
†  » fossile des environs de Lyon.
† *Calamelo bistrato* du val d'Ajols (Vosges).
† Psarolite grès rouge.
†  » d'Avignon.
† Pins fossiles. Etc., etc., etc.

Les remarques faites précédemment sur les préparations des parties dures des Mollusques (page 36) s'appliquent, à plus forte raison, aux plantes fossiles, aux parties des animaux fossiles, telles que dents, os, coquilles, écailles et carapaces, ainsi qu'aux diverses sortes de silex, de ceux qui sont enfouis dans les calcaires des falaises des côtes de France et d'Angleterre. Les coupes minces des diverses parties dures des animaux offrent surtout un grand intérêt scientifique. La glycérine, dont j'ai indiqué les usages (*Dict. de médecine* de Nysten, 10ᵉ édition par Littré et Ch. Robin. Paris, 1855, p. 1328) lorsqu'il s'agit de faire des préparations fraîches qui exigent une grande transparence des tissus, sans les gonfler ni en changer la forme, est rarement utile dans l'étude des restes d'animaux fossiles. Pourtant elle facilite, dans quelques cas, l'examen des ostéoplastes ou cavités microscopiques ramifiées des os (corpuscules des os) fossiles, comme ceux des os frais.

## POLARISATION

La lumière blanche polarisée donne lieu à des phénomènes de coloration très remarquables en traversant, soit de petits cristaux, soit des lames cristallines très minces, soit diverses substances organisées placées au foyer de l'objectif, puis un prisme biréfringent superposé à l'oculaire. Un grand nombre de sels, des fossiles réduits en lames minces, l'émail des dents, les cheveux, etc., sont dans ce cas. Lorsque, par une étude méthodique de ces phénomènes, qui chaque jour fait de nouveaux progrès, on arrive à reconnaître quelles sont les substances qui jouissent de cette propriété, on peut s'aider de cet ordre de caractères pour distinguer entre elles des substances dont les autres différences pourraient laisser quelques doutes dans l'esprit. Quoique les occasions d'en faire application soient assez rares, il ne faut pourtant pas négliger cette étude qui, du reste, est attrayante par la variation et la beauté des phénomènes de coloration qu'on obtient.

Pour étudier l'action de la lumière polarisée, il faut employer un appareil particulier. Cet appareil se compose de deux parties : la première est un prisme de Nicol (fig. 1) enchâssé dans une monture qu'on substitue aux diaphragmes à mouvement vertical du centre de la platine toutes les fois qu'il est nécessaire de l'employer. Le prisme de Nicol est, comme on sait, formé d'un rhomboïde de spath d'Islande d'environ 25 millimètres de longueur sur 9 millimètres de largeur et d'épaisseur. On

Fig. 1.

coupe le prisme en deux parties par un plan conduit suivant les diagonales parallèles de deux des longues faces ($a$, $o$), et l'on réunit les deux parties par du baume de Canada dans la position qu'elles avaient d'abord. Comme l'indice de réfraction de ce baume est plus petit que l'indice ordinaire du rhomboïde, et

plus grand que l'indice extraordinaire, le rayon ordinaire se
réfléchit totalement sur la couche interposée entre les deux
prismes et, par suite, le rayon extraordinaire est le seul
qui émerge. Ce prisme sert ici à faire arriver sur l'objet
placé au foyer de l'objectif un rayon de lumière blanche polarisée.

Après avoir traversé l'objet à étudier et tout l'appareil
optique du microscope, le faisceau de lumière blanche polarisée rencontre à sa sortie de l'oculaire un prisme biréfringent de spath calcaire. Ce prisme (fig. 2, *ab*) est fixé dans
une monture particulière au-dessus du centre d'une sorte de
capuchon *efgh* qui peut être superposé à l'oculaire et qui
emboîte la partie supérieure du corps du microscope *ik*.

Cette monture est percée au centre *c*, qui correspond à la fois au
verre oculaire supérieur et à la face
inférieure du prisme.

Lorsqu'on fait arriver le faisceau
lumineux polarisé sur le prisme
biréfringent *ab* sans lui faire traverser la lame cristalline, on voit
deux images de l'ouverture *c* dont
l'intensité relative varie selon la
position de la section principale
du prisme par rapport au plan de
polarisation du rayon. Elles se
réduisent à une seule, quand ces
deux plans sont parallèles ou perpendiculaires entre eux, effet
qu'on peut obtenir facilement, parce que la monture *efgh*
tourne facilement sur le microscope. Si, au contraire, on place
au foyer de l'objectif une lame cristalline ou d'autres substances
salines ou non susceptibles de donner lieu à des phénomènes de
coloration, la lumière polarisée éprouve réellement une double
réfraction en traversant ces substances; mais les deux faisceaux ne se séparent pas sensiblement à cause de la faible
épaisseur de celles-là; de sorte que le prisme reçoit un seul

Fig. 2.

faisceau de lumière, comme dans le cas primitif. Il dédouble ce faisceau, et l'on voit deux images de l'ouverture ; de plus, ces deux images sont colorées de couleurs complémentaires. Ces phénomènes sont très curieux, quand on fait tourner lentement la monture du prisme sur son axe.

Pour bien reconnaître quelles sont les substances placées sur le porte-objet qui polarisent la lumière et celles qui ne la polarisent pas, on cache l'une des images circulaires en faisant avancer sur le prisme la plaque $cx$ ; alors, lorsqu'en faisant tourner le prisme sur son cône, le champ du microscope est devenu obscur, on reconnaît les substances qui polarisent la lumière aux teintes colorées qu'elles produisent dans le champ obscur, tandis que les autres restent sans action.

## OBJETS SERVANT A L'ÉTUDE DE LA POLARISATION.

**Cristallisations naturelles.**

Agate rubanée.
  » mamelonnée.
  » moirée.
  » agglomérée, etc.
Bélemnites.
Apophyllite.
Mésotype d'Auvergne.
Gypse, Etc., etc., etc.

**Cristallisations chimiques artificielles.**

Acétate de baryte.
  » de cuivre.
  » de manganèse.
  » de plomb.
  » de soude.
  » de zinc.
Acide borique.
  » camphorique.
  » citrique.

Acide gallique.
  » picrique.
  » succinique.
  » tartrique.
Alun commun.
  » de chrome.
Alizarine.
Arséniate de potasse.
  » de soude.
Bicarbonate de potasse.
Bichromate de potasse.
Bromure de cadmium.
Bromure de potassium.
Borax pur.
Carbonate de potasse.
  » de soude.
Chlorate de baryte.
  » de potasse.
Chlorure de baryum.
  » de cobalt.
  » de mercure.
  » de sodium.

Chromate de potasse.
Cyanure de mercure.
Émétique.
Formiate de cuivre.
   » de strontiane.
   » de plomb.
Chlorhydrate d'ammoniaque.
Hypermanganate de potasse.
Iodure de potassium.
Mannite.
Naphtaline.
Nitrate d'ammoniaque.
   » d'argent.
   » de bismuth.
   » de cuivre.
   » de potasse.
Nitrate de soude.
   » de strontiane.
   » d'urane.
   » d'urée.
Oxalate d'ammoniaque.

Oxalate de potasse.
   » d'urée.
Phosphate d'ammoniaque.
   » de soude.
Prussiate jaune de potasse.
   » rouge de potasse.
Salicine.
Sel de nitre.
   » marin.
   » végétal.
Sulfate d'ammoniaque.
   » de cadmium.
   » de cuivre.
   » de cuivre ammoniacal.
   » de fer.
   » de magnésie.
   » de potasse.
   » de soude.
   » de zinc.
Soufre.
Etc., etc., etc.

# TABLEAUX SYNOPTIQUES

## RELATIFS A LA MINÉRALOGIE.

(La plupart de ces objets sont opaques.)

Argent pur cristallisé en rameaux.
   » natif du Mexique.
   » rouge de Saxe.
Aimant.
Antimoine sulfuré d'Auvergne.
Antimoine avec zinc sulfuré.
   » natif arsénifère d'Allemont (Isère).
Arsenic natif du Hartz.
   » sulfuré jaune de Perse.

Arsenic rouge ou réalgar.
   » natif de Sibérie.
Andalousite rose avec talc blanc, etc.
   » de Lesiner, en Tyrol.
Asbeste ou amiante.
Aventurine naturelle.
   » artificielle.
Brunérite de Hall, en Tyrol.
Brochantite de Framont (Vosges).
Cuivre arséniaté en petits cristaux.

Cuivre gris avec le fer carbonaté.
- » carbonaté bleu et vert du Banat (Hongrie).
- » de Chessy, près Lyon.
- » pyriteux, dans quartz d'Angleterre.
- » sulfuré, pyrite d'Alger.
- » sulfuré avec pyrite de fer sulfuré.
- » pyriteux panaché et fer sulfuré.
- » malachite de Sibérie.
- » concrétionné.
- » hydrosiliceux des Pyrénées.
- » vitreux de Sibérie.

Charbon de terre irisé de Charleroy.

Chaux sulfatée calcarifère avec manganèse.
- » carbonatée ferrifère du Tyrol.
- » mamelonnée.
- » inverse de Sibérie.
- » fluatée vert, d'Angleterre.

Chlorite schisteuse.
- » du Saint-Gothard.

Chrome des Écouchets (Saône-et-Loire).

Chalcopyrite du Banat (Hongrie).

Cobalt arséniaté avec le cobalt arsenical.

Colophonite d'Arendal (Norwége).

Diallage métalloïde de Baste, au Hartz.

Disthène bleu avec mica, du Saint-Gothard.

Épidote ou thallite, département de l'Isère.

Étain oxydé de Bretagne.

Feldspath apyre ou andalousite.

Fer sulfuré pyriteux des Vaches-Noires (Calvados).
- » graphite, Ceylan.
- » irisé.

Fer du cap de la Hève (Seine-Inférieure).
- » de Rouen.
- » arsenical de Saxe.
- » magnétique, Bavière.
- » oxydulé, aimant du Piémont.
- » oligiste de l'île d'Elbe.
- » spéculaire du Dauphiné.
- » pisolithique, Kandern, Bade.
- » hydroxydé, limonite avec peroxyde de fer.
- » oxydé, hydraté, irisé, de Grand'Combe (Gard).
- » carbonaté, chaux et magnésie.
- » carbonaté, sidérose, Siegen.
- » hématisé du Brésil.
- » sulfuré cubique dans l'argile.
- » sulfuré blanc à l'état hydraté.
- » en petits octaèdres sur l'aiguille aimantée.
- » oxydulé magnétique.
- » oligiste spéculaire en cristaux rhomboédriques.
- » calcaréo-siliceux ou ilvaïte (île d'Elbe).
- » oligiste écailleux de Framont.
- » bréchiforme.
- » titané ou négrine.

Grenat jaune de la Somma.
- » avec amphibole, d'Arendal.
- » almandine des Pyrénées.
- » hyacinthe du Piémont.

Galène de Rheimenbach.

Heulandite, stilbite rouge de l'île de Feroë.

Hétérosite du Piémont.

Jayet faisant partie des lignites.

Limaille de fer.
- » de cuivre et zinc.
- » de cuivre rouge et de fer.

Malachite aciculaire dans cuivre pyriteux.

Malachite fibreuse contenant le cuivre sulfuré.
»   fibreuse des monts Ourals.
Manganèse oxydé, hydraté, barytifère.
»   fibreux.
Mercure sulfuré granulaire d'un rouge vif avec fer sulfuré.
»   rouge cinabre.
Mica violet ou lépidolite de Florence.
»   schiste avec disthène du Saint-Gothard.
»   ferrugineux, Saint-Etienne.
Mésotype d'Auvergne.
Molybdène sulfuré du Tyrol.
Or natif de Kapnik (Hongrie).
Or mussif, bisulfure d'étain.
Oxyde de plomb, minium fondu.
Lapis lazuli (Perse).
Phillipsite en cristaux cubiques, de Cornwall.
Plomb carbonaté noir, de Mussière.
»   sulfuré pseudomorphique.
»   presque compacte.
»   chromaté rouge, de Sibérie.
»   phosphaté vert.
»   sulfuré et cuivre sulfuré.

Plomb carbonaté et cuivre carbonaté.
»   sulfuré en masse laminaire.
Polyhalite rouge avec la chaux sulfatée.
Pyroxène vert de Fassa, du Tyrol.
Pyrite de cuivre et cobaltine Siegen.
»   de Cornouailles.
Quartz aventuriné d'Espagne.
Rétinite ou obsidienne verte, du Cantal.
Réalgar d'Auvergne.
Strontiane sulfatée cristallisée avec soufre de Sicile.
Syénite composé de feldspath rose et de quartz.
Sulfure d'étain.
Talc vert de Saint-Gothard.
Topaze de Saxe.
Tourmaline noire en prismes, agglomérée avec talc.
»   dans malachite du Tyrol.
Urane oxydé, vert de Saxe.
Wolfram de Saint-Léonard, près Limoges.
Zinc oxydé d'Aix-la-Chapelle.
»   sulfuré, blende Nassau.

La liste générale que je viens de clore, quoique très nombreuse, laissera beaucoup à désirer en raison du nombre des objets de nature si différente qu'elle embrasse. Ces considérations, qui seront sans doute appréciées, ne m'ont pas permis de m'étendre plus loin. J'ai pensé que l'énumération que je donne ici de plus de quatre mille objets différents serait suffisante pour faciliter les observations microscopiques sans que, pour cela, on doive se croire limité, dans la formation d'une collection, par le nombre que j'indique dans chaque partie, car il peut s'étendre presque indéfiniment.


FIN.

www.ingramcontent.com/pod-product-compliance
Ingram Content Group UK Ltd.
Pitfield, Milton Keynes, MK11 3LW, UK
UKHW022115170726
13837UKWH00003B/1215